U0211211

Small is Beautiful

小即是美

小空间花园园艺设计

（英）乌拉·玛丽亚　著
（英）杰森·英格拉姆　摄影
王爱英　译

·北京·

Octopus Publishing Group Ltd,
Carmelite House, 50 Victoria Embankment,
London EC4Y 0DZ
www.octopusbooks.co.uk

Simplified Chinese edition arranged through Inbooker Cultural Development (Beijing) Co., Ltd.

北京市版权局著作权合同登记号：01-2021-3852

图书在版编目（CIP）数据

小即是美：小空间花园园艺设计 /（英）乌拉·玛丽亚（Ula Maria）著；王爱英译. —北京：化学工业出版社，2021.9

书名原文：Green: Simple Ideas for Small Outdoor Spaces
ISBN 978-7-122-39402-6

Ⅰ.①小… Ⅱ.①乌… ②王… Ⅲ.①观赏园艺 Ⅳ.①S68

中国版本图书馆CIP数据核字（2021）第127966号

责任编辑：孙晓梅　　装帧设计：韩　飞
责任校对：张雨彤

出版发行：化学工业出版社（北京市东城区青年湖南街13号　邮政编码100011）
印　　装：北京华联印刷有限公司
787mm×1092mm　1/16　印张11　字数283千字　　2021年10月北京第1版第1次印刷

购书咨询：010-64518888　　售后服务：010-64518899
网　　址：http://www.cip.com.cn
凡购买本书，如有缺损质量问题，本社销售中心负责调换。

定　　价：98.00元

前言

小即是美

Small is Beautiful

直到我搬进伦敦一条繁忙街道上的公寓后，我才真正开始怀念我儿时在乡村大花园里度过的那些摘樱桃、给西红柿浇水的夏日时光。无论是前花园、小庭院还是小屋顶露台，每个小空间都是一处宝藏，都能变成充满生机和个性的地方。如今，拥有大片修剪整齐的草坪的大花园已经变得罕见，因此，如何打造我们周围的小空间变得更加重要了。好在“小”并不意味着死气沉沉或枯燥乏味。只要考虑周全，即使最小的空间也能变成最富创造力和想象力的花园。

人们以为只有园艺高手才能打造迷人的花园，但这是错误的观念，不要让它阻碍您去创造您的梦中花园。并非只有植物专家才能拥有漂亮实用的花园，每个人都能找到适合自己的花园风格和类型。本书将邀请您重新审视您周围的空间，发现您以前从未想到的园艺机会。书中给出了大量富有启发性的小空间花园设计实例，从小到5平方米的生产性阳台到可兼作室外房间的现代风格的前花园，这些实例证明：任何空间，无论多小或多不起眼，都能变成美丽的花园。从小空间入手，您在室外花的时间越多，您就越可能爱上园艺。

虽然小花园常常被人忽视，但其实它有许多适合现代人生活方式的优点。繁忙的日程安排和长时间的工作，意味着我们常常无暇打理大花园，自然更没有时间享用它了。相比之下，小花园更具优势，因为空间越小，越容易改造。有限的预算用在小花园上的效果比用在大花园上更长远，也更明显，只需简单地利用一些独具特色的植物和雕塑家具等，就能给小花园带来很大的改变。

刚开始打造花园时，您也许会感到力不从心，但请记住，不必一开始就追求完美，因为与建筑和室内设计不同的是，即使最好的花园也需要时常维护，永远不会真正完工，而这也正是大自然的迷人之处。本书将带您发现周围的小空间的潜力，帮您找到您最想要的花园风格，并教您如何打造它。在此过程中，您将体验到建造一个您真正喜爱的花园所带来的乐趣。

乌拉·玛丽亚

目录

Approach

设计方法

花园的设计方法很多，多到可能令您不知道如何着手。如果您感到无所适从，那不妨像我一样，把花园看作是家的延伸，是一个充满可能性的空间，一个您可以娱乐、就餐、休息，尤其是再次与大自然联系在一起的地方。如果您的花园与您的生活方式、您愿意花在室外的时间以及您感兴趣的活动相吻合，那么那座花园就是最好的。最重要的是，您要不断地提醒自己，与建筑和室内设计不同，花园总是在不断发展变化之中，花园设计不必一开始就完美无瑕，因为以后总有提升的空间。

上图：从您家的室内设计中汲取灵感，运用与之相似、互补或对比的材料、色彩以及其他设计元素，设计您的花园。

右页图：考虑从室内可以看见的花园景色，把门、窗看作画框，让里面充满最美丽生动的风景。

首先您需要确定您想如何使用您的花园空间。空间的实用性和功能性越好，您就越愿意使用、管理和维护它。

如果您的生活方式不允许您在花园中停留太多时间，那就重点打造您透过窗户最常看见的景色，这些景色将对您的心情产生巨大影响。

第一印象很重要，所以无论您的前花园是大是小，都不要忽略它。前花园就像一个微型代表，人们可以据此推想您家的其他地方，当然也包括作为房主的您。毕竟，前花园是首先迎接您和客人的地方。

对您家周围的环境进行评估也很重要。您不仅需要把您的花园纳入更大的背景中，还需要明确最初吸引您来此居住的美学要素是什么。大多数情况下，当地的建筑和景观将给您带来灵感。例如，如果当地的主要建筑材料是木材、砖或混凝土，那么您为花园挑选材料时，可以选择色彩和质地与之相似、互补或形成对比的材料。

尺度

Scale

设计小花园时经常遇到的一个问题便是，如何让花园显得更大。这是一个棘手的任务，需要认真考虑花园的尺度和比例，了解每个设计元素如何与环境关联、设计元素之间如何相互关联，最重要的是，设计元素如何与人文尺度关联。与建筑和室内设计不同，花园总在成长变化之中，这让花园设计更加富有挑战性。而且随着时间的推移，花园的尺度也在改变，植物可能长得比预期的更高，或者由于自播繁衍而超出预留空间。掌握尺度这门艺术需要时间，而且往往是反复试验的结果，但我相信，对于小空间来说，成功的关键就是：从大处着眼，充分发挥您的想象力。

上图： 小空间的场所感很大程度上取决于精致的细节，每个角落都不容忽视。

左页图： 园景植物、家具和其他元素成为整个花园的焦点，对这些物品的关注和欣赏，让人们忽略了这个空间的整体面积之小。

人们倾向于用小的铺装单元或小型植物等小元素填充一个小空间，但结果往往让空间看起来确实很小。在小花园中配置大型植物和大物品似乎有悖常理，但如果配置得当，这些大元素却能够让空间显得更大。

把不同高度和质地的植物栽种在花床和花盆中，不仅可以创造趣味性和景深感，还能营造空间更大的错觉。您可以先确定主要的构架植物，然后以此为基础设计花园的尺度。

在花园中配置一系列大小不同但协调统一的物品是非常重要的。可以把一些大型花盆、雕塑灯具或家具，分散地放在整个空间中，然后再用一些小的设计元素和装饰品将它们联系起来。这样一来，人们的注意力便会聚焦在所有漂亮的单件物品上，而不是整体空间的大小上。

确定您想用作空间焦点的物品，以打造引人注目和令人流连的效果。这件物品应该是您花园中最大的一个，可以是一套家具、一座雕塑或者一棵园景植物。

色彩

Colour

毫无疑问，色彩是花园设计考量中最重要的元素之一。色彩有助于定义整个空间的氛围，可以是令人兴奋的、平静的、诱人的、充满活力的，也可以是令人忧郁的。色彩是一个有力的工具，能够改变花园给人的整体感受。热切的园丁最常犯的一个错误就是配置的植物种类和色彩过于杂乱，结果导致花园毫无特点。如果您还没有学会如何使用色彩，遵守“少即是多”的原则尤为重要。

上图：引入色彩的最好方式是用花，但在一个植物选择非常有限的小空间中，叶子的色彩也能达到同样的效果，而且保持时间更长。

右页图：色彩能够对空间的氛围产生巨大影响，应该对所有设计元素的色彩进行认真考量。

为了达到和谐的植物搭配效果，您可以从大自然中汲取灵感。想一想春天森林中铺满大地的蓝铃花，或者乡间大片大片的白色峨参花。像大自然中的这些例子一样，尽量找到一组能够相互协调、共同生长的植物。

您也可以首先选择两三种您最喜欢的色彩。这些色彩通常应该是互补色而不是对比色，以保证色彩的协调性。然后根据色彩选定植物，一旦选定了植物，您就可以运用从大自然中汲取的灵感，对它们进行群植或片植。

您也可以通过选择硬质景观材料，如铺装、栅栏、花园小品或花园家具等，为花园注入色彩。在这种情况下，中性、简单的种植色调最有可能达到最好的效果。

大多数人在学校学习过色轮。如果您不喜欢在尝试中积累经验，可以使用色轮。不管您追求的是中性色、对比色、互补色还是类似色的配色方案，色轮都可以为您提供一些不会出错的经典配色组合。

质地

Texture

质地能够对花园的外观和氛围产生巨大的影响，但遗憾的是，在设计考量时它常常被忽视。质地首先能够在视觉上影响一个空间的整体氛围。同样的材料，无论是木材、石材还是混凝土，如果表面处理不同，看起来差别之大常常令人惊奇。质地还能够让空间显得更大或更小、更明亮或更暗、更现代或更古朴。它甚至可以影响我们穿过一个空间的方式。植物的质地也是如此，与转瞬即逝的鲜花不同，植物的质地能够供我们常年观赏。

上图： 不同的铺装质地可用于区分不同区域的功能。

左页图： 最迷人的种植方案往往是巧妙运用植物质地的结果。无论是光滑的、有光泽的，还是粗糙的，茎、叶的不同质地可以为您呈现一幅可全年观赏的、丰富的植物画卷。

不同的质地能够影响一个花园的整体风格和美感。光滑的质地，如抛光混凝土和锯切石料，常常用于创造具有现代感的光滑外观，而滚磨石材和风化木材则能够营造颇具特色的怀旧氛围。

利用铺装的不同质地可以区分不同区域的功能，影响人们穿过空间的方式。粗糙不平的铺装可用于减慢通行速度以及界定入口，而光滑平整的铺装则可用于鼓励顺畅通行。

质地丰富的植物能够带来生动迷人且不受花期或季节限制的种植方案。从粗糙不平到丝绸般光滑，各种不同质地的叶子均可考虑使用。

即使在很小的空间中，不同的质地也可用于引入丰富性、趣味性和景深感。主要构架植物的质地可以影响硬质景观材料的色调，反之亦然。每件物品的质地都应该被考虑到，最重要的是，不要忘记将不同的质地协调地搭配在同一个空间中。

材料

Materials

在花园中，植物自然起着至关重要的作用，但重要的是不要忘记，构成每个花园的骨架的是硬质景观。我们对花园的感受和体验往往取决于用于创造园路、露台、台阶和边界等的材料的质量。除非把某个硬质景观元素设计成花园的焦点，否则我认为最好的做法是从柔和的基调开始，随着时间的推移，再逐步增加层次和个性。

上图：用经典的中性材料构成花园的基础，随着时间的推移，再逐步用独具特色的设计元素和细节来丰富和完善它。

右页图：在几乎没有种植空间的、极为狭窄的花园中，独特的材料可以将一个昏暗废弃的空间变成您家中最引人注目的地方。

封闭的小空间往往可以选用更为大胆的材料。因为这类空间与周围环境以及更广阔的背景相隔离，所以它们更宽容，在探索如何选择花园的风格时，能为人们提供更大的自由。

如果您正在从零开始建造一座花园，品类繁多的材料和多样化的处理方法可能会令您感到无所适从。您不妨把花园看作是您家的另一个房间，想想其他房间用过的材料。在花园中重复使用室内装修时用过的材料，可以达到很好的效果。在大多数情况下，您能够从现有的特征中汲取灵感，无论那是房屋所用的砖块，还是木地板。

为花园中的露台、木甲板、园墙等永久性的元素选择经典的材料，因为它们为家具等更临时性的元素提供了背景。这样一来，您不仅能够驾驭这个空间的氛围，还能够避免为大的改建浪费金钱。

材料的色调越简单、越柔和，花园看起来就越有整体感。如果您的花园是一幅画，硬质景观材料的色调应该是这幅画的背景，只有这样，植物才能成为画中真正的主角。

Style

设计风格

不羁的现代风格花园

乌拉 · 玛丽亚
Ula Maria

我把一个不到30平方米的小型城市后花园，改造成了这个优雅僻静的港湾。美丽繁茂的植物填充进了每个可用的角落，从而弥补了空间的不足。黏土砖和风化木材等质朴的材料，与丰富的植物形成对比，让整个设计既现代又充满个性。

花园的布局是基于鲜明的回归自然的建筑形式。晒得发白的草被放任在无花果树下恣意生长，草丛中野草莓、鼠尾草和莳萝茁壮生长，模糊了厨房花园和草甸式花园之间的边界。

花园的尽头是一张老式的户外餐桌，坚固的外观使其成为花园的焦点。

左页图：蜜腺大戟（*Euphorbia mellifera*）和对面一棵枝桠盘错的无花果树，界定了园路。景色的尽头是一棵带有红褐色树皮的细齿樱桃。
右图：花园的边界长满了观赏草、鼠尾草和其他多年生植物，柔化了现代木围栏的外观。

优雅僻静的港湾

想一想如何创造性地把现场发现的现有的材料重新利用起来。在这个案例中，废旧的铁路枕木在花园后部形成了一个别具特色的架高花池，为用于提供私密性的三棵细齿樱桃增加了额外的高度。

想一想您希望从房内看见怎样的景色，这些景色又将如何随着时间的推移而变化。前景中的大型植物能够遮住部分风景，可用于营造神秘感和景深感。

不一定非要有起伏的线条才能获得自然主义的外观。在现代设计中，可以用植物打破边界，遮挡生硬的边角。

具质朴感的材料，如黏土砖和木材，可以增加花园的温馨感和魅力，而且随着时间的推移，还会增加一种迷人的岁月感。考虑各种可用的饰面材料，以实现不同的外观和感受。

大多数观赏草很容易养护，而且全年看起来都很漂亮。此外，它们还可以创造动感、柔化园路等生硬的边角。

上图： 盘错的树枝、富有异国情调的大叶子以及成熟后变为深紫色的果实，让无花果树成为花园中最具观赏性的植物。

上图： 黏土砖和木材铺就的园路，散发着温馨朴实的气息。

上图： 柔软的观赏草细茎针茅与宝石般耀眼的开花植物‘君主的天鹅绒’猩红委陵菜（*Potentilla thurberi*）交织在一起。

本页图： 不同材质的老式花盆散布在花园中，为这个新建造的空间赋予了灵魂，增添了趣味。

“我试图创造一个有灵魂和个性，但又不会让人觉得是一个拼凑的作品的空间。在这座花园中，鲜明的建筑形式和打破其边界的大自然之间，存在着一种不断演变的关系。”

乌拉·玛丽亚

本页图： 花园后方的架高花池是由在现场发现的废弃的铁路枕木制成的，还充当了其旁边的餐桌的长凳。

沙漠色的花园

玛莎·克伦佩尔
Martha Krempel

这座可以从四面出入的封闭式庭院，提供了放松、娱乐以及逃离城市喧嚣的空间，是户外生活的庆典。花园设计师玛莎·克伦佩尔解释说："花园的色调是沙漠色，亮绿色和蓝灰色的沙漠植物栽植在土路、沙漠鲜花和通常为粉色的岩石之间。"花园的设计灵感来自设计师在亚利桑那州马蹄湾的一次家庭旅行。花园的硬质表面多为深浅不一的灰色，从而将不同的空间不落痕迹地统一在同一个庭院中。嵌入式黏土砖的材料和质地丰富了混凝土地面，并与房屋内外的砖块相呼应。混凝土和砖块的结合创造了既现代又富有特色的硬质表面。低调的色彩构成柔和的背景，让植物成为整个空间的主角。花园中的一张大餐桌，提供了拥抱户外生活的机会，非常适合家庭聚会和款待客人。带有原木储藏空间的嵌入式雕塑壁炉则给人带来温暖舒适的感觉。这是一个与所爱的人坐在壁炉旁，创造更多回忆的田园诗般的地方。

"2015年，我和家人环游了亚利桑那州、内华达州、犹他州和加利福尼亚州四个州。我们游览了羚羊峡谷，在莫哈维沙漠过夜，并驱车穿越了壮丽的风景。这是一次难忘的经历，马蹄湾成了我们旅程的一个隐喻。我把我对那条河的感觉应用到花园设计中，把房屋门口和花园入口连接起来，创造出一个可以停步欣赏和坐下来享受阳光的地方。"

玛莎·克伦佩尔

左页上图：房屋内的草坛中有一棵成龄的冲天阁（大戟属植物），将室内和室外空间联系在一起。
左页下图：混搭的座椅为室外就餐、放松和围坐在壁炉前提供了便利。

家庭时光

显眼的壁炉成为花园的一个焦点。这是一个绝佳的场所，无论什么季节，您都可以与家人和朋友在此共度美好的夜晚，也可以在此安静地读书，逃离城市的喧嚣。

生物多样性丰富的季节性绿色屋顶，能够吸收雨水、吸引野生动物，并帮助改善被污染的城市空气。绿色屋顶的种类非常丰富，即使最棘手的地方也有合适的选择。

不同的硬质景观材料有助于区分花园的不同区域。光滑的混凝土适用于园路铺装，而黏土砖则适用于铺装花园中更适合休息的部分，如就餐区和壁炉周围的空间。

一棵高大的冲天阁，被栽植在室内紧靠花园格子窗的地方。这棵被草丛环绕的冲天阁，真正模糊了房屋内外的边界，把两者融合成一个大的生活空间。

上图： 将原木储藏空间融入到雕塑壁炉的设计中，既实用又美观。

上图： 随着季节的更替，这个生物多样性丰富的绿色屋顶上的植物图案也在不断变化，从上方望去，美不胜收。

上图： 错缝铺砌的灰色砖块，不仅被用来标示花园的特定区域，也提供了纹理趣味。

上图: 点缀在花园四周的一片片粉色植物，展示着灵感源自沙漠的配色方案。

左图: 引人注目的壁炉是花园的一个主要特征，而巨大的风化木梁则为花园增添了气势和个性。

上图：作为庭院空间的延续，室内花园中郁郁葱葱的热带植物和源自沙漠的植物为人们提供了全年的欣赏趣味。

左图：黏土砖的线性铺装与做工精美的木制家具的直线形镂空图案相呼应，形成一种统一的设计语言。

左页图：在阳光明媚的日子里，不同形状和大小的乔木和灌木，在柔和的灰色铺装上洒下精细复杂的阴影。

对比色的花园

乔治亚·林赛

Georgia Lindsay

在城市中心，大型的庭院花园已经成为一种罕见的奢侈品。然而，走在城市的街道上，您会发现很多前花园要么杂草丛生，要么砾石铺地，并没有得到充分的利用。这座由乔治亚•林赛设计的42平方米的前花园证实了一个道理——前花园不应该被忽视。这是一座与房屋等宽、令人愉悦的多功能花园，需要时可用作停车位。房屋的折叠门正对着座位区，那里的嵌入式长凳上面摆满了靠垫，感觉好像室内空间满溢到了前花园。巨大的耐候钢嵌板看起来好像一件抽象艺术作品。两种色彩的瓷砖以条纹状横向铺设，让人感觉花园更大了。

左页图：从铺装到植物再到配饰，花园中的每件物品都经过精心挑选，以呼应蓝色与橙色的色调。

上图：一棵荷花玉兰从嵌入式木凳中间穿过。终有一天，由它的大叶子形成的树冠，将为座位区洒下一片阴凉。

橙色与蓝色

橙色与蓝色这对经典对比色的组合构成了这座庭院的主色调。对比色是色轮上位置相对的色彩，以橙色与蓝色、黄色与紫色、红色与绿色的对比最为强烈。

橙色色调不仅体现在硬质景观和家具上，也体现在这里的植物上。其中，铁锈色的植物包括：‘太平洋之夜’镜子灌木（*Coprosma repens* ‘Pacific night’）、‘火红’圆苞大戟、‘紫叶’扁桃叶大戟、矾根和新西兰风草（*Anemanthele lessoniana*）。

深浅不一的灰色瓷砖铺装与房屋的线性结构搭配协调。由瓷砖铺砌而成的不同宽度的条纹，与房屋垂直，从而突出了庭院的宽度。

带有抽象叶子图案的定制耐候钢嵌板将空间围住，为花园提供了独特的戏剧化背景。晚上，从镂空部分透出的光线，营造出迷人的氛围，确保这个空间全年都能给人舒适愉快之感，不必依靠植物也能生机盎然。

上图：墙上低调的灯具，好像融入到园门的设计之中，从而不会分散灯光带来的柔和与温馨感。

上图：定制耐候钢嵌板的表面纹理，呼应了荷花玉兰的叶形。阳光下，树叶在嵌板上洒下生动的阴影。

"耐候钢嵌板形成主要的焦点，给人一种神秘感，让人想知道嵌板后面还有什么。在小空间中，避免产生封闭感至关重要。夜晚，斑驳的树影以及从后方投下的灯光可以让这个空间发生神奇的变化。钢嵌板上的激光切割图案，其灵感来自从L形长凳中穿出的、四季常绿的荷花玉兰又大又圆的叶子。圆形的叶子也呼应了树下围成一圈的大鹅卵石的形状。"

乔治亚·林赛

左图： 以铁锈色枝叶为主的植物搭配，与整体的色彩设计相得益彰。

顶图： 现代咖啡厅式家具为这个小空间提供了灵活性。编织座椅和镂空储物桌的组合看起来既优雅又有趣。

上图： 荷花玉兰硕大的白色花朵，以其引人注目的丰姿，提供了季节性的观赏趣味。

城市野花花园

巴特·韦克菲尔德

Butter Wakefield

花园设计师巴特·韦克菲尔德的这座城市花园中充满了花香和不同质地的材料，散发着恬静的乡村气息。位于花园中心的缀花草坪，为人和野生动物提供了季节性趣味。微风中翩翩起舞的紫色与粉色的野花，为原本的规则式草坪带来了动感。欧洲红豆杉的金字塔形造型给空间提供了骨架，为整个空间带来了韵律感和连续性。欧洲红豆杉通常用在大型自然风景园中，用在这个小型花园中，不仅看起来同样舒服，还为封闭的空间带来一种宏大感。种植容器摆满了花园的各个角落，但无论是石质花盆、陶盆还是小金属罐，都采用了同一种设计语言。植物的色调既漂亮又统一，富有层次的质感和形状创造出景深并模糊了边界。

左页上图：现任主人搬来时，这座花园由于疏于管理，除了两棵树（一棵苹果，一棵荷花玉兰）看着还有希望外，只剩下破败的草坪和凌乱的灌木。
左页下图：高大的荷花玉兰为树下舒适的座位区提供了庇护和阴凉。
右图：图上展示的是灵感源自乡村的浪漫种植方案，包括修剪成型的灌木，以及花朵大多为粉色、白色和紫色的野花和香草。

城里的乡村

在花盆、窗台和每一寸土地上栽种上大量的毛地黄、香草、月季和野花，您就可以给小空间带来乡村的感觉。

造型植物能够为花园提供骨架、形态和冬季的趣味，可用于框景、定义区域以及引入韵律和气势。

创造一块缀花草坪并不像您想象的那么困难。有些公司甚至可以提供缀花草皮，不用费力便可产生即时效果，而且铺设过程几乎跟铺地毯一样简单。

紧邻房屋的地方有一棵迷人的荷花玉兰，座位区就坐落在树下。荷花玉兰的大树干上装饰着彩色小灯，在夜晚可以照亮这个空间，给人一种俏皮感。

在桌子上摆满种有植物的罐子、花钵和花盆等，一个形状难看的角落摇身变成了盆栽工作台。挂在墙上的一面旧镜子为花园增添了一种奇特的魅力。

上图：从大型古董花钵到小型陶盆，再到老式金属罐等，花园中摆满了各种种植香草和花卉的容器。

上图：造型植物沿着草坪在整个花园中反复出现，为这个空间带来了一种韵律感，并形成了花园全年的骨架。

上图：由淡紫色和淡粉色野花组成的缀花草坪是整个花园的中心，为花园带来了一丝规整感。

右图和最右图：迪奥卡蝇子草柔和的淡粉色花朵和‘花园之星’巴夏风铃草柔和的淡蓝色花朵，点缀在整个花园中，给人一种传统乡村的感觉。

下图：这座花园不仅与房屋的风格和色调和谐统一，也与房屋的装饰细节相得益彰，例如特别委托艺术家莎拉·鲍曼创作的这幅画。莎拉以窗口风景画闻名。

“我自己的花园，虽然布局和设计简单，却是我的快乐源泉，给了我极大的幸福感，也给我的家带来了非常需要的绿色焦点。”

巴特·韦克菲尔德

左页图：花园的一角有个工作台，上面放着几十只花盆，专门用于盆栽和育苗。

左图：一个具有乡村风格的鸟笼状塔形花架，支撑着高大的植物，并提供了一种雕塑般的趣味。

顶图：交织的枝条形成类似鸟巢的球形。挂在树枝上，既是迷人的饰品又可兼作灯具。

上图：繁茂的开花植物从大型古董花钵的边沿蔓延出来，将花钵笼罩在绿叶之中。

隐秘的花园

阿道夫 · 哈里森

Adolfo Harrison

既现代又独具特色是一个很难实现的设计目标，但花园设计师阿道夫•哈里森证明这是一个值得接受的挑战。这座花园展示了光与影、色与形的非凡演绎。尽管每处的景色完全不同，却有一种内在的统一和独特的氛围贯穿始终。秋天，火炬树的大型羽状复叶将会变成浓郁的橙色，与房屋墙壁、北美乔柏木板覆层以及耐候钢花盆的焦橙色相呼应。大多数植物，包括美国梓树和火炬树，都栽种在容器中，因而显得更高，更富雕塑感。油漆斑驳的破旧金属椅子，为花园增添了迷人的魅力，好像花园已经存在了很久，经历了岁月和风雨的洗礼。

左页图：深杏色的园墙为封闭的庭院注入了温馨感，并为植物提供了独特的背景。

上图：宽大的树冠遮住阳光，为上层露台洒下阴凉，营造出令人愉悦的热带氛围。

深情而质补

这座花园的色调为大地色，其中包括锈橘色、暗棕色、暖土色和冷灰色。所有的容器，从最大的到最小的，都是棕色系的。它们与木甲板和木覆层一起，散发着温馨感。

摆放在上层露台上的耐候钢花盆营造出浓郁而独特的氛围。茂盛的箱根草从花盆边缘蔓延出来，为花园带来了趣味。火炬树以其雕塑般的造型营造出戏剧性的美感。

这里种植的美国梓树、美丽野扇花、欧细辛、马丁尼大戟（*Euphorbia martini*）和无花果等，都是优良的观赏植物，而且易于养护。这些植物深浅不一的绿色，营造出迷人的异国情调。

庭院地面为银灰色花岗岩铺装，长条形的石板构成锯齿状边缘的园路，园路之外的其他区域则用小砾石填充。种植在砾石中间的匍匐地被植物，形成一块独特的植物地毯，与花岗岩地面形成鲜明的对比。

上图：老式绿色金属椅给庭院带来了一种工业魅力，斑驳的油漆质地增加了景色的层次感。

上图：厚叶铁角蕨等植物，就像在它们的自然栖息地一样，生长在其他植物显然难以到达的角落。

上图：在人们选择植物时经常被忽视的植物的树干，为这座花园带来了最迷人的色调。

“用楼梯将独立的庭院和露台连接在一起，这样一来，我们就能够在两个楼层的室内和室外空间之间，创造一种循环流动的感觉，但同时又保持了每个楼层独特的氛围。”

阿道夫·哈里森

左图：种植在大型耐候钢花盆中的箱根草，占据了上层露台。从盆口漫溢出来的叶子，极富观赏性。

下图：金钱麻蔓生在花岗岩石板上，形成柔软的草垫。庭院地板上交错着软硬两种表面，看起来好像变形的棋盘。

本页图：从平滑光亮到粗糙无光泽，这座小庭院充满不同的质地，给人带来丰富的视觉享受。

HUNTER
HUNTER

阳台花园

爱丽丝 · 文森特
Alice Vincent

在只有5平方米的阳台上，您会种点什么？同一个问题，如果您问作家兼自学成才的园艺师爱丽丝•文森特，她的回答可能会让您大吃一惊。她的阳台上摆满了植物，一年四季，您可以在这里找到羽扇豆、郁金香、铁筷子、山茶、银莲花和许多其他的季节性植物。这座位于市中心，距地面12米高的阳台花园，已经成为该地区最受欢迎的野生动物造访地，每天都有松鼠前来寻找季节性球根植物。由此可见，阻止我们把小的空间变成绿色天堂的，往往是我们的担心和臆测。其实没有任何一个空间是太小而不能利用的——我们可以把花盆叠放、悬挂在墙头或墙面上，更不用说还可以应用花格子架和绿墙系统了。

“拥有大花园的人会觉得这个阳台太小或太受限制，但我知道能够打理它是多么幸运。对我来说，真正的生活就在这里——下雨时清新的空气，花瓣上飞舞的蜜蜂。无论这一天我过得怎样，这儿都能让我平静下来，让我振作起来，给我暂停片刻的机会，这在这座城市的其他地方真的太少见了。”

爱丽丝·文森特

左页图： 小阳台把爱丽丝的公寓与屋外的一棵大树联系在一起，而这棵大树则为她的公寓提供了一个最动人的绿色背景。
右图： 阳台外围长条形花槽中的植物，用枝叶扩大了这个有限的空间。

小庇护所

人们常常认为，一个小空间做不成什么，但事实并非如此。像阳台这样的小空间能促使您在植物搭配上更具创意。小空间更易打理，这也意味着您将有更多的时间单纯地享受它。

季节性植物可以让小空间完全改观。从点亮整个花园、预示春天即将来临的球根植物，到花期较晚、宣告秋天近在眼前的大丽花，每个季节均有许多植物可供欣赏。

您还可以充分利用每个立面。可以把旱金莲等蔓生植物种在花槽中，挂在栏杆上，也可以把花盆或花格子架固定在阳台隔板上创造绿墙。

尽管阳台花园可能没有空间用于大面积种植植物或摆放大件家具，但没有什么可以阻止您用漂亮的工具和饰品装饰这个空间。高品质的工具会促使您使用它们，从而让您在花园中度过更多的时光，享受您所拥有的这个小空间，并充分发挥它的潜力。

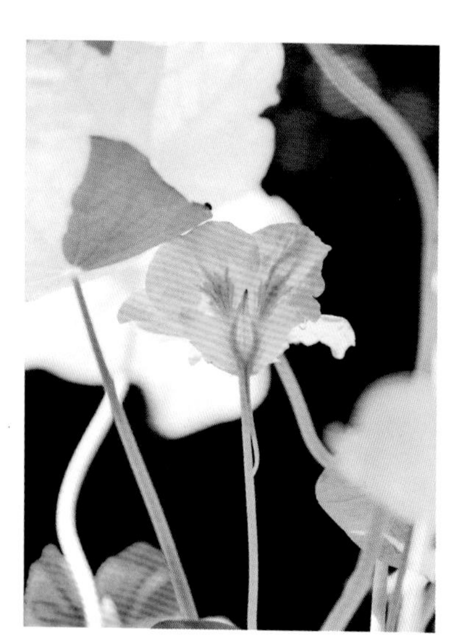

上图：喜光的旱金莲蔓生在阳台的边缘，其亮橙色和亮黄色的花朵让整个空间充满了生机。

上图：阳台两端的地板上叠放的植物，使阳台显得更有层次感。层层叠叠的绿植，形成一片枝叶质地丰富的绿景。

右页图：阳台上到处都是植物，难怪蜜蜂、蝴蝶和松鼠也成了这里的常客。

新自然主义花园

阿道夫 · 哈里森
Adolfo Harrison

最成功的城市花园是那些很难界定哪里是房屋的尽头，哪里又是花园的起点的花园。这座由花园设计师阿道夫·哈里森设计的城市花园就是一个令人惊叹的证明。它将新与旧、锐利与柔和、精心设计与自然主义进行巧妙的对比与组合。被苔藓和攀缘植物覆盖的砖墙，是花园原有的一个特色，阿道夫将其完全融入到新的设计中。园路好像漂浮在稍微低于地面的自然主义种植风格的花坛之上。花坛里的植物看上去好像是天生就长在那里的，有些植物似乎已经自播繁衍，并且随着时间的推移，已与一些引人注目的植物交织在一起。耐候钢打造的水景为空间增添了另一个维度。潺潺的流水声营造出一种平静舒缓的感觉，吸引着野生动物前来造访，从而将一个城市空间变成了一块安逸的绿洲。

左页图：一条架设在花坛上方的狭窄的木制园路，将花坛和座位区联系在一起。被郁郁葱葱的枝叶覆盖的高大木制藤架，界定了座位区的入口。

右图：每座花园的布局都应该适合园主的生活方式。花园这部分的中心位置是就餐区，两侧各有一个大型嵌入式沙发。

模糊了边界

把植物种类的选择范围缩小到十种以下，然后丛植或片植以获得更大的视觉冲击力。考虑植物的季节性趣味，以便总有一些东西值得期待。

多干型树木可以为一个空间的中部高度引入形态和趣味，其交错的树枝和优美的形态，通常比单干型树木更生动有趣。

花园地面使用与房屋地板相同的材料，模糊了室内与室外的边界。如果室内材料不适合用于室外，您也可以选用其他材料，通过色彩、图案或质地达到类似的效果。

水景潺潺的流水声既能舒缓心情，又能成为淹没交通噪声的有力工具。简洁的长方形彰显了现代设计风格，而耐候钢的使用则为该设计增添了个性。

如果款待朋友和家人对您很重要，不妨将一张大餐桌安置在花园中，并购置舒适的座椅和富有情调的灯具。

上图：夏天各种多干乔木和灌木都披上了丰美如云的绿叶，其交错的枝桠可等到冬天叶落后欣赏。

上图：嫩绿的厚叶铁角蕨点缀在整个花园中，营造出一种植物早已开始自播繁衍的感觉。
右页图：配套的地砖以及薜荔、绿萝和仙羽蔓绿绒等室内绿植，让室内与室外空间无缝过渡。

“客户希望这座花园的氛围能让她想起她度过青春岁月的位于巴塞罗那的庭院。我们一致认为，那些庭园的共性可以概括为：沧桑又温暖的材料色调、光与影的演绎、生长在裸露缝隙中向光攀爬的植物、户外生活和流水声。为了让花园感觉更大、更有活力，我们通过三个座位区、三棵树和三个耐候钢元素，为花园营造出一种循环流动的感觉，从而提供了多个引人注目的焦点。”

阿道夫·哈里森

本页图： 多干树柔软如云的绿叶模糊了花园的边界，给人一种空间比实际更大的错觉。

左页图：春天，几十朵盛开的'行动阵线'鸢尾（*Iris* 'Action Front'，一种高型有髯鸢尾），形成带有黄色斑点的迷人的紫红色色块。

顶图：坐落在植物之间的隐蔽水景，等待着您的发现。阳光下，波光粼粼的水面，给人以舒缓安宁之感。

上图：浅花盆中的一组多肉植物，长久地展示着它们美丽的色彩和质地。

左图：舒适的座椅和温馨的室外就餐环境，可以吸引人们在此度过更多的时光。

地中海风格花园

米丽娅 · 哈里斯
Miria Harris

设计师米丽娅•哈里斯巧妙地将伦敦市中心的一块空地变成了地中海风格的梦想花园。暗粉色的抹灰墙、深陶土色的主色调以及充满活力的家具，让人联想到温暖的气候和户外生活。黏土砖地板从室内无缝地延伸到花园中，营造出连续性和场所感。其多彩的色调和瑕疵，让人觉得地板的历史比花园的其他部分更久远。威利•古尔（Willy Guhl）的标志性花盆为空间注入了个性和魅力，而伯特和梅公司（Bert & May）出品的迷人的黑白瓷砖，则被铺砌成一面特色墙，看起来好像一幅巨大的抽象画。以绿色为主的植物平衡协调了这些硬质材料，柔化了外观。纤细的垂枝桦则为这个空间提供了斑驳的阴影、动感和轻盈感。

左页上图： 庭院地面用了两种不同的铺装材料，靠近房屋的地面用的是红陶砖，通往花园工作室的地面用的则是浇筑混凝土。
左页下图： 纤细的垂枝桦和灌木的种植，柔化了硬质景观硬朗的线条。
右图： 带有几何图案的黑白瓷砖铺砌成一面引人注目的特色墙，该墙与庭院中央地面的红陶砖形成了鲜明的对比。

暖色调：从陶土色到暗粉色

如果空间非常有限，那么充分利用其立面，可以让一个毫无生气的空间变得生动有趣。图形瓷砖有很多色彩和图案，可创造出具有抽象艺术风格的特色墙。如果您只有一个天井，并且没有足够的种植空间时，这种做法尤其有效。

独特的家具可以兼作雕塑元素，为空间注入奇特的魅力。

人们为花园的墙壁和地板挑选色彩时，通常不会想到粉色，但在这里，粉色却是设计不可分割的一部分。这个花园的主色调为陶土色，从深姜黄色的瓷砖到暗粉色的墙壁，一系列轻松愉快的色调，让人联想到地中海风情。

嵌入式的户外厨房不仅为您提供了拥抱户外生活的完美方式，也为您和家人朋友举办花园派对提供了完美的理由。

上图：这把造型圆润的白色象腿椅（Roly-Poly chair），在阳光下闪闪发亮，非常引人注目，如同一件雕塑小品，强调了花园设计的趣味性与迷人气质。

上图：粉色调不仅体现在庭院的硬质表面上，也体现在种植的植物上。在这里，你可以看到从葱郁如云的绿色蕨类植物中伸展出来的粉色蕨叶。

上图：这座多功能嵌入式水池，用与花园其他地方一样的红陶砖铺砌而成，既是孩子们的戏水池，也是一处观赏水景。

顶图：暗粉色的抹灰墙突出了宽板雪松木围栏的温暖色调。两者共同为色彩鲜明的绿色植物提供了赏心悦目的背景。

上图：由简易炭烤架、水槽和储藏柜组成的户外厨房，为户外娱乐和就餐提供了一切必需品。

左图：具有德国啤酒厅风格的桌子和长凳摆放在花园的尽头，一棵垂枝桦为它们洒下阴凉。

“当客户的要求是地中海式花园，而花园却位于英国的城市，且方位朝北时，设计的难度不可谓不大。无论是通过枝叶还是通过围栏间隙来强调花园中的光影对比，都需要巧妙的设计，以便最大限度地让人感受到仿佛置身在一个阳光明媚的花园中，即使阳光只在这里停留片刻。”

米丽娅·哈里斯

左页图： 创造最引人注目的花园并不总是意味着您要种植大量的植物。在精心选择的地方铺砌图形瓷砖，便能创造出最迷人的景色。

左图： 威利·古尔的标志性花盆不仅帮花园注入了出人意料的色彩，也模糊了室内与室外的边界。

顶图和上图： 与开花植物相比，叶子不仅可以提供同样多的色彩，颜色的持续时间也往往远远长于季节性花卉。

下页图： 简洁鲜明的种植搭配，近看时却是如此丰富细腻。把小细节融入到设计中等待人们逐步去发现，永远是一件令人兴奋的事。

浪漫田园风花园

菲比 · 狄金森

Phoebe Dickinson

当你打开海军蓝色的大门，步入这座童话般的花园，便会闻到沁人心脾的月季花香。艺术家菲比•狄金森被公认为21世纪最具天赋的古典画家之一，作为该花园的设计者，他将这座花园逐层巧妙地建造起来。这座具有绘画品质的花园，生动地证明，一个新造空间的外观也能给人一种历史感，就好像这个空间一直都在那里一样。古董家具、雕塑和花盆模糊了花园的边界，营造出一种空间更广阔的错觉。淡粉色的藤本月季用迷人的花朵覆盖了整面墙壁，它们与其他许多攀缘植物一起，在没有影响地面空间的情况下，充分利用了花园的立面。一组奇特的维多利亚餐厅风格的古董家具构成花园的焦点，将室内空间与室外空间无缝地连接在一起。

左页图： 摆放在花园各个角落的石雕、古董家具和老式花盆，将花园变成一个神秘迷人的世界。

上图： 敞开海军蓝色的大门，花园便成为客厅的自然延伸。

古典气质

时刻留意添置一些古董花园饰品，可以让您的花园更独特、更富个性。

可以从不同地方采购部件，打造原创家具。比如，花园中的桌子的底座来自一家古董店，而桌面则是由一位石材专家院子内的一块大理石残片制成的。

放有蜡烛的金属灯笼和石雕烛台散放在花园中，营造出一种安宁的氛围。隐藏在植物之中的灯具模仿出烛光的效果。

花园的设计灵感几乎可以来自任何地方。这座花园的设计灵感便源自伦敦约翰·索恩爵士博物馆内令人惊奇的古董、石雕和家具等藏品。

大多数古董价格高昂，这毫不奇怪，但不要因此灰心。这座花园的许多物品都是在网上发现的。一些铸石生产商也能提供与天然古董石非常相像的手工制品。

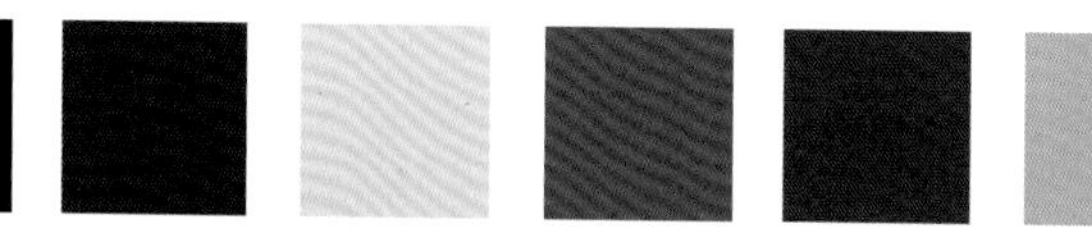

上图：装饰在园墙上的独特而富有个性的石雕，大部分都是在网上和各种古董店发现的。

上图：浅粉色和浅紫色的花朵像宝石一样依偎在绿叶间，色调淡雅而柔和。

上图：在这座典型的英式花园中，爬满园墙的浅粉色月季，为这座田园诗般的浪漫花园增添了一抹童话色彩。

左上图：大量的花盆和装饰品创造出迷人的空间表现。在这里，没有任何两个花盆是相同的，但每个都同样迷人。

左图：各种形状、大小和材质的灯笼点缀在整个花园中。在室外，没有任何东西比烛光更迷人。

上图：室外这些舒适的桌椅，提醒您在布置花园时，不要忽视那些主要为室内设计的家具。

第66页图：挂在后墙上的一面旧镜子，被攀缘植物所包围。镜子不仅让这座小花园显得更大，还营造出一种童话般的氛围。

第67页图：一些偏现代风格的金属花槽中长满了常春藤，从盆沿垂下的藤叶，柔化了花盆硬朗的线条。

薰衣草色调的花园

玛琳 · 法奥

Marlene Fao

封闭式小花园设计看起来似乎是个挑战，但绝对有其自身的优势。与处于更广阔风景中的大花园不同，封闭的空间意味着您不必担心墙外发生了什么。“我的心灵家园”的博主玛琳•法奥及其伴侣搬过来时，这座花园像是一个被人忽略的灰色盒子，木制边界又破旧又不协调。他们通过粉刷栅栏、添置家具以及建造内嵌式架高花池，逐渐把花园重建起来。

玛琳用薰衣草色、白色和土色等柔和的色调，粉刷了木甲板和墙壁，让人联想到地中海海滨的别墅。地中海风格的植物包括木犀榄、薰衣草、迷迭香、意大利蜡菊（*Helichrysum italicum*）和薄荷。花园的焦点是一个放着柔软的淡紫色靠枕的大沙发，特别适合休息与放松。

左页图：近年来，室外地毯变得相当流行。它们最适合小型城市花园，对模糊室内与室外的界限有很大帮助。

上图：新主人刚搬来时，花园还是一个被人忽视的空荡、阴郁的空间，但没过多久，花园的灰色调就被安宁的薰衣草色调所取代。

地中海风情

选择那些与您想创造的花园风格和氛围一致的植物。向大自然学习或者研究某个让您着迷的风景，这些都是灵感的重要来源。薰衣草、百里香、迷迭香和木犀榄营造出这座花园的地中海风情——这是对法国加里哥宇灌丛（地中海常绿矮灌丛）景观（garigue landscape）的由衷赞美。

投资您会经常使用的主要家具。没有什么比在一张宽大舒适的花园沙发上打发下午时光，一边享受阳光一边闭目遐想，更能让人从城市的忙碌喧嚣中放松下来的了。

使用同一种色彩或两种类似的色彩粉刷花园表面，可以模糊花园的边界，让花园显得更大。如果您的花园周围有各种边界需要处理，但又想达到更统一的外观，这种方法尤为有效。

用家具来装饰您的花园，会使这个空间给人以更温馨舒适的感觉。一个手推车置物架、一块室外地毯或一盏点烛灯笼，花费不多，却能为花园注入个性。

上图：手推车置物架除了可以在炎热的夏天提供饮料外，还特别适合展示盆栽植物，为花园增添时尚感。

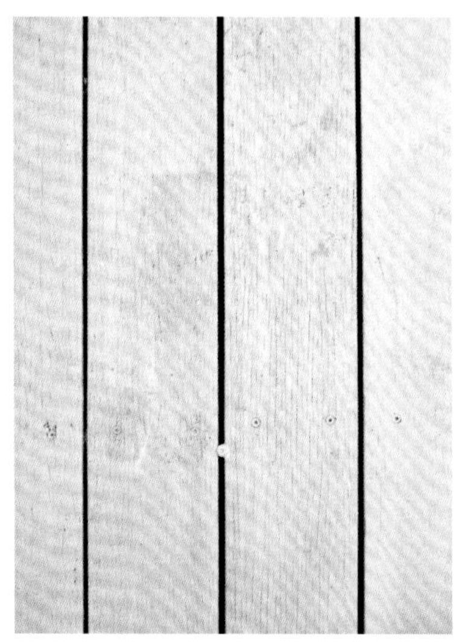

上图：被粉饰一新的木甲板，营造出地中海海滨别墅的氛围。

上图：温馨的蜡烛和灯笼，可以为您在花园中度过一个舒适的夏日夜晚，营造出最令人陶醉的氛围。

“这个由我自己动手设计的花园集功能性和低维护性于一体，是一个宁静的地中海风格的小花园。我喜欢薰衣草、迷迭香和木犀榄的气味，还喜欢风中的针茅草带来的安宁感。我们对花园进行了多次测量，以确保家具和花坛的尺寸适合这个空间。花园中的架高花池是我们自己用橡木做成的。然后，我们粉刷了栅栏、花坛和原来的木甲板。所有的一切都是我们自己做的，这是我们的第一个花园，我们觉得特别自豪！”

玛琳·法奥

上图：薰衣草、迷迭香和茁壮的木犀榄等地中海植物混植在一个狭长的嵌入式架高花池中。

右图：玛琳在花园的后栅栏上安装了一张定制的钢丝网，希望上面最终能够爬满攀缘植物。

“这座露台花园坐落在园主的纺织品设计工作室的屋顶上。她渴望有这样一个空间，这个空间不仅能反映她对植物与生俱来的热爱，还能体现她对俄罗斯乡间别墅花园的兴趣。她的花园不仅是一系列多年生观赏植物（其中一些可以在她的签名印刷品中看到）的家园，也是一个多年生作物的生产空间。您可以发现，大丽花、红花菜豆与西番莲混植在一起，而在它们旁边茁壮生长的是西葫芦和密生西葫芦。”

加布里埃尔·谢伊

草甸式露台花园

加布里埃尔 · 谢伊和希尔卡 · 瑞森-托玛斯
Gabrielle Shay and Silka Rittson-Thomas

这里仿佛是一块图案丰富的花毯，迸发出勃勃生机，奇异的花朵和叶子覆盖了这座城市屋顶露台三分之二的空间。在加布里埃尔•谢伊和希尔卡•瑞森-托玛斯的设计中，丰饶的自然主义种植以及宝石般的花朵和蔬菜，溢出了每处硬质景观的边缘和边界。花园中的植物会随季节、天气和日照方位的变化而不断改变，这种不可预测性，往往能给人以最大的惊喜，这也正是季节性种植方案的迷人之处。在城市环境下，植物不羁的天性显得尤为独特。能够目睹大自然在一年内完成一个完整的生命周期，是一件令人兴奋的事。如同这座花园所展示的一样，没有什么可以阻挡您在自己的屋顶小露台上建造一个鲜花盛开的观赏草甸。

左页图：这个小小的屋顶露台花园几乎全部被植物所包围，提供了一处位于城市中心的绿色避风港。

上图：纤细的观赏草和多年生植物在露台与下面的街道之间形成一道令人惊叹的分界线，既屏蔽了噪声又增加了私密性。

繁茂而浪漫

虽然这座屋顶露台很小，但上面种植的植物所占面积的比例很高，能给人以难以置信的沉浸感。在许多花园中，花盆往往比植物大得多，在尺度和比例上也都超过了植物，但在这里，花园的焦点则完全放在了植物上，您得花费一番功夫才能看清它们是从哪个花盆中长出来的。

这座花园的美丽之处在于到处都是植物，这也将这个空间提升到另一个层次。难以处理的狭窄角落往往会被忽略，但在这里却配置了支撑攀缘植物的花格子架。

这座花园是对俄罗斯乡间别墅（一种有生产性蔬菜和花园的乡间小屋）的简洁诠释。它展示了如何在最不可能的地方，栽种食用植物和美丽的花毯。这儿的植物包括大丽花、莳萝、葡萄、红花菜豆，甚至一些比较大的蔬菜，如密生西葫芦和南瓜。

家具是空间必不可少的一部分。空间非常有限时，家具的选择将变得尤为重要。

上图：一个小的城市屋顶露台也可以像一块空地一样，有效地规划种植食用植物和观赏草本植物，并欢迎野生动物的到来。

上图：小酒馆式的白色座椅和铺着亮丽桌布的桌子，为这个空间注入了主人的个人风格。

上图：攀缘植物的枝叶和美丽的花朵可以完美地覆盖难以处理的空间和立面。

右图：引人注目的深色花朵，比如图中的‘爱与愿望’鼠尾草（*Salvia* ‘Love and Wishes’），在自然主义种植背景中凸显出来，并创造出一块美丽的花毯。

左下图：依偎在草丛中的香豌豆，散发着沁人的芬芳，其娇嫩的花朵让人想起阳光下翩翩飞舞的彩蝶。

右下图：露台上种植了丰富多彩的芳香植物，吸引来蜜蜂、蝴蝶和许多其他昆虫，为它们提供了一处重要的城市栖息地。

现代简约风格花园

米丽娅·哈里斯
Miria Harris

在这所由米丽娅•哈里斯设计的现代简约风格的房屋里，生机勃勃的多年生植物从冷灰色调的背景中凸显出来。一切看起来是那样均衡，没有任何一件东西需要更多的关注。长方形是整个设计的主要形状，不仅体现在布局、铺装、座椅等家具上，甚至还体现在木围栏上，这种重复形成一种简洁有力的设计语言。多种攀缘植物用绿叶将木围栏覆盖。一棵多干垂枝桦为座位区洒下斑驳的阴影。花园中只精选了有限的物品，让人觉得花园比实际更宽敞。在这样一个简约的空间中，家具的选择非常重要，因为一年四季，您无论在房屋内还是在花园的任何一处，都可以看见它们。

左页图：种植在花园角落中的一棵高大的多干垂枝桦，提高了人们的视线，让这个小空间看起来大了一些。
右图：漆成灰色的高大的定制架高花池，把花园分成不同的区域，而且有助于营造一种私密感。

现代主义氛围

花园的色调以灰色和自然木色为主，突出黑白两色，克制的色调与现代主义住宅美学相得益彰。

花园地板由斯塔福德郡蓝砖和深灰色的石灰岩石板铺砌而成。两种材料的色彩从一种自然地过渡到另一种，同时引入了质地的趣味。采用立砌法铺砌的蓝砖，形成与房屋正面垂直的线条，从而拉长了这个空间。

定制的架高花池漆成灰色，与花园的整体配色方案相协调。这些花池标示了花园的入口，并为花园增添了私密性。一条兼作储藏柜的花园长凳是由一个花槽加装木顶后改造而成的。

一棵多干垂枝桦为空间提供了高度，并把小花园笼罩在一片充满诗意的绿色中。

大多为浅粉色或浅紫色的多年生植物，点缀在花园的各处，为这个空间提供了充足但又不失淡雅的色彩。

上图：‘黑巴洛’普通耧斗菜以其风情万种的深色花朵点缀着花园原本平淡的色调。

上图：用立砌法铺砌的斯塔福德郡蓝砖，突出了其纤细的长条形轮廓，让花园显得更长了。

上图：彩灯不仅提供了温暖柔和的光线，也为花园增添了一丝随意感。它们无需固定，容易安装和移动。

右图：现代主义美学也体现在花园家具上，包括六把卢森堡式金属椅、一张木面金属桌以及一对丹麦HAY HEE品牌的白色躺椅。

下图：一条兼作储藏空间的嵌入式木面长凳，可以完美地收纳任何不美观的花园杂物。

底图：浪漫的种植风格，如色彩柔和的郁金香、野草莓和加勒比飞蓬（墨西哥飞蓬），柔化了花园原本硬朗的结构。

“无论花园多小，在其中创造出可以逗留的角落和休息的场所，永远是我的愿望。之所以设计这些架高花池，主要是基于它们可以给花园带来活力这一美学功能，除此之外，它们也把花园划分为不同的区域，可以让人们以不同的方式，诸如就餐、休息、娱乐和储藏等，来使用花园。”

米丽娅·哈里斯

简单配色的花园

巴特 · 韦克菲尔德
Butter Wakefield

最好的空间设计往往基于简约但不简单的设计原则。在这里，花园设计师巴特•韦克菲尔德展示了她对造型、质地，尤其是构图的全面理解。她对植物造型艺术的熟练运用，展示了如何用有限的植物色调创造出迷人的空间。在花园的尽头，云片式造型的齿叶冬青与多干河桦形成有趣的对比。这棵迷人的河桦树，向一侧倾斜，与隔壁花园中的树木连成一片。同时，该树也打破了规则的构图，给原本非常对称的布局带来一种随意感。这里种植的多为造型清晰的绿色植物，柔毛羽衣草、天竺葵和绣球等点缀在这些造型植物之间。

左页图：从餐厅向外望去，您会发现，标志性的克里托尔式窗户（Crittall windows）将花园分成了一系列美不胜收的图画。

上图：巴特设计的这座花园，只用了有限的几种植物，却创造出一个有趣的、具有雕塑感的迷人空间。

简约的美

在这里，简单的植物色调散发出自信和风格。造型植物在整座花园中创造出鲜明的节奏和清晰的冬季结构。大小不一的圆球造型的植物产生起伏的效果，为花园提供了额外的趣味，点缀其间的绣球和天竺葵则柔化了花园原本规则的外观。

在小空间里种植一棵大树似乎有悖常理，但如果考虑周到，却可以引入不同的尺度和比例，让您的花园感觉比实际大得多。

不是只有大花园才适合采用这种外观。种植在大花盆中的云片式造型的齿叶冬青，无论是放在小庭院、屋顶露台，还是天井中，都会产生非凡的效果。把它们种植在大盆的白色绣球旁边，会获得类似的外观和感受。

使用黏土砖砌成的墙为植物提供了优雅低调的背景。它们的深色调与深浅不一的绿色形成对比，给人以景深感和神秘感。

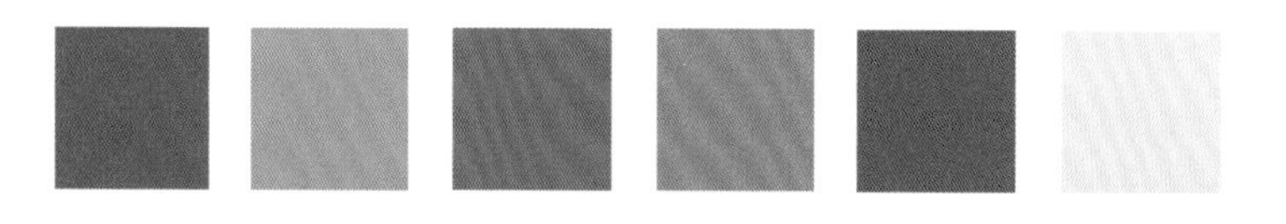

上图：引人注目的白色绣球花好像漂浮在其他植物之上，为原本全是绿色枝叶的构图提供了亮点。

上图：种植在大型陶盆中的云片式造型的齿叶冬青，是一座不断变化、演进的活生生的雕塑，可以为您提供全年的观赏趣味。

上图：这棵高大的河桦树，枝叶疏朗的树冠，为这个小空间洒下斑驳的阴影的同时，而不会用浓重的阴影将其淹没。

“这是我最喜欢的一个花园。我喜欢它的枝繁叶茂和几何图案。人们很难猜到这座花园竟然位于市中心。”

巴特·韦克菲尔德

右图：修剪完美的球状造型植物，与柔软的羽状植物套种在一起，其质地和形态的对比，使得这个构图均衡而优美。

下图：一张宽大的圆形木桌，摆放在河桦斑驳的树荫下，为室外就餐提供了完美的环境。

室外房间

卡梅隆景观与花园设计事务所

Cameron Landscapes & Gardens

花园可以成为房屋不可或缺的一部分，甚至成为房屋中最重要的一个房间。这所房屋的形式表明，花园与房屋缺一不可，两者共同构成完美和谐的图画。这座由卡梅隆景观与花园设计事务所设计的花园，比厨房地面高出三个台阶，不落痕迹地模仿了室内空间。人字形地砖铺装，不仅模仿了室内木地板的铺装方式，颜色也非常类似，从而进一步模糊了室内与室外的边界。深浅不一的绿色植物，其质地和形式，复杂而生动。由此可见，绘画式种植方案不必涉及大量的色彩，利用枝叶的质地以及植物形状和大小的不同，也可以达到同样迷人的效果，并给原本生硬的空间带来了一种随意感。

左页上图：这座花园比室内地面高出几个台阶，让房屋看起来仿佛是从周围的风景中雕刻出来的一样。

左页下图：室内地板的人字形花纹，也运用在上层和下层露台的砖块铺装上。

右图：白色绣球是这座花园中为数不多的开花植物之一，没有它，花园的美将主要依赖于枝叶质地的巧妙运用。

以绿色为主的植物配置

即使最小的角落也能为植物腾出空间。嵌种在石板台阶之间的匍匐地被植物和硬质铺装上放置的大量花盆，既软化了边角，又创造出美丽的风景。

舒适的高品质家具绝对值得您投资，这样的家具可以突出花园的风格，增添花园的魅力。在这里，紧靠厨房的两把大椅子和一张小酒馆式桌子，提供了早晨喝咖啡的绝佳去处，而上层露台上的休闲沙发则邀您度过一个舒适放松的夜晚。

室内与室外空间的设计语言之间存在着深度对话。人字形的砖块铺装展示了如何利用色彩和图案创造连续感。

不同的绿色和少量的白色构成这里的种植色调。植物的美是通过质地和形态的巧妙运用得以展现。一系列革质叶蕨类植物、少量的造型植物和富有异国情调的攀缘植物，提供了复杂的枝叶层次。

上图： 植物和硬质景观的丰富质地，弥补了花园中色彩的欠缺。

上图： 嵌种在坚硬石板间的匍匐地被植物和蕨类植物，具有一种柔化边界的效果，让通往上层露台的台阶变得非常迷人。

上图： 假马齿苋的白色小花点缀在质地精细的叶子之间，非常适合蔓生在墙上或用于覆盖较大的园景树下方的空地。

"我们喜欢为这座朝北的花园所做的设计。我们把它设计成一个室外房间，让它成为厨房的延伸。植物的不同质地、叶形和高度让种植本身成为焦点，给人视觉上的享受。创意灯光的使用让夜晚的花园变得生机勃勃。"

阿拉斯代尔·卡梅隆
Alasdair Cameron

上图：现代休闲椅和小咖啡桌提供了完美的早餐地点，从而把厨房延伸到了花园里。

左图：厨房玻璃窗和园墙之间的窄条状空间，摆放着很多花盆，用于展示富有特色的植物。

村舍式盆栽花园

查理·麦考密克

Charlie McCormick

您可能无法想象，有人能够把一个不到20平方米的城市屋顶露台变成一个甜美迷人的村舍式花园。然而，这座由查理•麦考密克设计的小花园，远不止把乡村的感觉带入了城市。这个兼具功能性和生产性的室外区域，展示了小规模盆栽园艺如何将生活空间提升到新高度。有些人可能希望某天能够将花园从一个家搬到另一个家，种植容器为此提供了灵活性。盆栽园艺为不同的种植风格提供了试验和试错空间。正如这座迷人的花园所证明的那样：恣意绽放的花朵、烹饪用的香草，甚至是一棵高产的苹果树，都能在您最意想不到的地方茁壮成长。

左页图：高大茂密的植物覆盖着这个小露台，给人以巨大的视觉冲击力，让人感觉空间更大了。

上图：人们以为苹果树、无花果树，甚至葡萄藤，都只能种在乡村花园中，但这个城市屋顶花园证明，这是一个错误的观念。

个性塑造

将波斯菊、薰衣草、毛地黄和羽扇豆混植在一起，以获得欢快惬意的外观。尝试在大型容器中种植香草、蔬菜和水果，从而全面体验村舍式花园。

要创造一个充满个性的盆栽花园，最好的方法就是跳出定势思维。不妨去那些您最有可能找到各种奇特家具和设计作品的古董店和古物市场看一看。您也可以留意那些老式板条箱、大型风化木花盆、金属花盆和赤陶花盆，以及可以兼作花盆的饰品。

种植容器可能很快就会干透，尤其是在炎热的夏天。如果您的日程安排不允许您定期打理花园，可以考虑安装一个简易自动喷灌系统。请注意，有些容器的材料更具耐候性，而且容器越小，越容易干透。

花格子架可以增强秘密性，但又不会完全遮挡光线。您可以用铁线莲或茉莉葱郁的绿叶覆盖花格子架，让空气中充满醉人的芬芳。

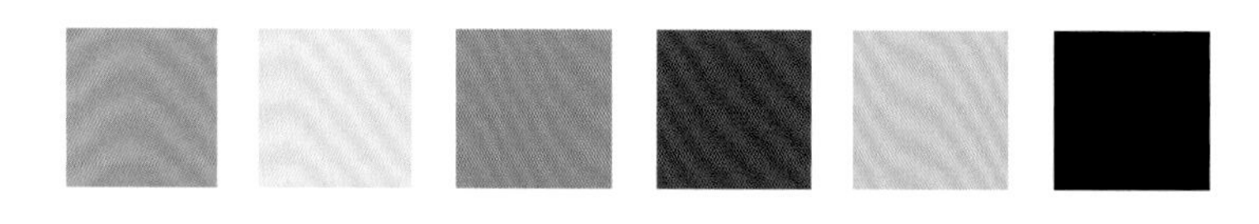

上图： 把色彩鲜艳的大丽花栽种在可以悬挂在露台栏杆上的容器中。

上图： 攀缘植物覆盖了露台四周的花格子架，用常绿的枝叶和季节性的花朵为花园增强了秘密性。

上图： 各种形状和大小的赤陶花盆散布在整个空间，创造出丰富的层次和趣味。

左图和上图：一排小花盆摆放在一张大理石桌面的古董桌子上，展示着一系列令人印象深刻的仙人掌属和景天属植物。

顶图：百子莲和毛地黄盛开的花朵，经常出现在村舍式花园中，在这个屋顶露台上，看起来同样舒服自然。

左图：在小花园中，百子莲是一种令人赞叹的盆栽植物，即使在没有遮挡的屋顶上，它也能展现出顽强的生命力。

下图：上层露台被改造成一座美丽的生产性花园，因空间有限，您将有更多时间照料这些植物。

右页图：充满活力的明黄色复古风家具，为这座花园带来一抹亮丽的色彩和一种乡野气息。

“我们的屋顶小花园太小了，小到几乎无法‘设计’。但我的灵感总是来自如何让它尽可能的丰富茂盛。植物必须生命力顽强，才能在这上面生存，但它们也需要足够的爱和关注。它们能够在这里茁壮成长，真的了不起。”

查理·麦考密克

极简主义花园

阿道夫·哈里森

Adolfo Harrison

这座具有鲜明的极简主义风格的小庭院，却充满精心考量的设计细节。内嵌式家具是设计的一个重要组成部分，这让小院显得既宽敞又整洁。设计师阿道夫·哈里森把人们经常忽视的设计细节变成了主要的设计特征。比如，定制的北美乔柏木栅栏，工艺精致，十分引人注目，由其板条构成的连续人字形图案，散发着温馨感。庭院四周的长凳也用同样的木料制成。架高花池和充满葱郁枝叶的雕塑花盆则采用了耐候钢材料。庭院中较大的灌木包括紫彩绣球、‘雪皇后’栎叶绣球和‘温柔的爱抚’宽苞十大功劳，而小蔓长春花则为地面景观带来了趣味。

左页图： 这个小空间是整体设计的范例，每条线和每个设计元素都经过了仔细考量。

上图： 阿道夫·哈里森说：“这个项目的关键是在房间一侧引入了一个凸窗，这个凸窗把室内和室外融为一体，从而确保一年四季、从早到晚都可以欣赏花园。”

有整体感的外观

齐整的滚磨面石灰岩铺装有着丰富的色调，如同一块醒目的室外地毯。阳光透过树冠，在上面洒下不断变化的光影，看起来非常漂亮。

内嵌式家具是实现花园整洁统一的好方法，当空间有限时更是如此。您可以通过建造超大座位区以及定制舒适的高品质家具，充分发挥它的优势。

如果您打算让室外空间的立面保持裸露，确保立面的美观非常重要，因为您从室内就可能看见它们。

与摆放几个小型种植床相比，单个大型种植床通常效果更好。您可以把种植床摆放在无论从室内还是室外均可欣赏到的地方。晚花型‘温柔的爱抚’宽苞十大功劳等常绿灌木，枝叶复杂精细，可以在秋冬两季提供观赏趣味，而且不需要太多的养护。把它们与其他具有季节性趣味的植物一起种植，可以为花园带来全年的欣赏趣味。

上图：在这座花园中，精致的工艺和定制的设计细节，让人们忽略了材料、植物及物品有限的色调。

上图：攀缘植物络石种植在大型耐候钢花盆中。随着时间的推移，这个花盆表面形成了一种独特的绿锈。

上图：阿道夫没有用很多小花盆点缀整个空间，而是建造了一个大型种植床，因而取得了更好的效果。

右图：专为这个空间设计的一个大型木制平台座椅，给人一种温馨舒适感。

下图：滚磨面石灰岩铺装的丰富色调，给原本极简主义的设计带来了一丝随意和俏皮。

迷人而前卫的花园

阿比盖尔・埃亨

Abigail Ahern

光滑的流线型椅子、满是褶皱的黑色皮革座椅、一张锃亮的桌子和一盏华丽的吊灯，这一切听起来好像在描述一间迷人而前卫的客厅。在某种程度上的确如此，只不过这是一间室外客厅，这间客厅就在室内设计大师阿比盖尔•埃亨非凡的房屋的外面。通过对色彩、物品和尺度的巧妙运用，由她设计的这个室外房间，打破了许多花园设计的神话。

深色调在葱郁枝叶的映衬下，给人一种奢华感。一间黑色的花园工作室，隐藏在花园尽头，在高大树木的笼罩下，看起来好像一处舒适而神秘的退隐之地，而这些高大的树木也让花园显得更大了。这盏大吊灯也许是最出人意料的一个元素了。看来，要创造一个豪华、兼容并蓄、令人兴奋的室外房间，其秘诀就在于不同质地、尺度的物品的鲜明对比。

左页图：许多设计理念好像从客厅延伸到了庭院里，双层高的克里托尔式窗是两者之间唯一的分界线。

上图：阿比盖尔将自己关于室内设计的专业知识应用到这座花园的设计中，从而打破并超越了以往关于花园是什么以及花园应该是什么样的任何成见。

室内设计视角

这座花园的色彩，与旁边的室内房间一样，大多比较暗淡，包括黑色和各种灰色，从而增强了精致和奢华的感觉。墨一般的黑色也为植物提供了绝佳的背景，突出了枝叶生机勃勃的绿色。

在这座花园中，家具的不同质地得到了巧妙的运用，既新颖活泼又生动有趣。同样的质地处理方式也运用到了种植上。光滑的、光泽的、粗糙的、不规则的，不同形状和表面质地的叶子，呈现出一系列不同的绿色，提供了许多容易感知却并不张扬的欣赏趣味。

不要把任何您在花园中从没见过的东西排除在外，它可能成为花园的重要特征，就像这里所使用的豪华吊灯和室内沙发一样。

放任植物自然生长，让您的花园呈现出稍微有点花草蔓生、疏于打理的外观，从而创造出一个富有个性和魅力的独特空间。

上图：枝叶丰美的高大紫竹，可用于屏蔽邻近的房屋及院落。

上图：在咖啡桌的上方，那盏悬挂在树枝上的豪华吊灯，非常引人注目。

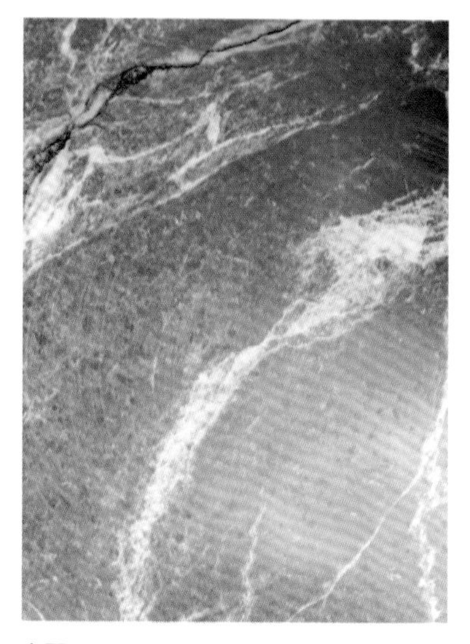

上图：许多高品质的物品和材料，如大理石，为这个室外空间增添了奢华感。

右图： 运用在阿比盖尔家中的深色调和对比鲜明的质地，在她的花园中也可以看到。

远右图： 花园给人一种放松的感觉。花园中没有任何排列整齐或修剪完美的东西，真正占据了这个空间的是自然生长的植物。

下图： 阿比盖尔认为，质地越丰富越好。通过大胆选择材料和饰面，这一设计原则在这座花园中得以体现。

右下图： 奇特的家具点缀在整个空间中，创造出一种"爱丽丝梦游仙境"的感受——神秘、有趣、引人入胜。

下页图： 花园的种植色调以绿色为主。植物的形态和质地提供了全年的欣赏趣味。

第104页图： 一条被两旁树木围绕的狭窄园路以草镶边，通向花园尽头一间僻静的工作室。

第105页图： 寻找独特的花园家具有时是一项棘手的任务，去室内家具店寻找那些同样适合室外的家具往往会有所收获。

“我的花园具有强大的治愈力。夏天，我可以在一天结束后在这里坐下来纳凉、恢复精力、做饭、感受人与自然的和谐。我这样设计这个花园，是因为它可以让我永远避开邻居，此外，还可以有许多可以坐下来的小地方。质地是关键，克制的色调非常重要，香味也一样。温暖的月份，这儿有茉莉、丁香和香草的香气；凉爽的月份，空气中则弥漫着月桂和含羞草的芳香。一年四季、无论冬夏，我都能享用这个花园。这是我的避难所，也是我的天堂。”

阿比盖尔·埃亨

“很少有人要求你把一个1.2米宽的空
间变成花园，尤其是这个空间还在距地面
层高的地方。进行这么大的改造并为它注
入生机，是一项非常具有挑战性的任务，
但也非常有意义。”

乌拉·玛丽

城市绿洲花园

乌拉·玛丽亚
Ula Maria

阳台的形状常常比较别扭，或窄长、或宽短，即使这样，仍然可以将它们改造成美妙的花园。植物常常生长在人们最意料不到的地方，您也许会惊讶，在一个很小的空间能够种植那么多的东西。我希望通过这个1.2米宽的阳台向您展示，异于常规的空间不一定令人乏味或被闲置不用，也不一定非要选择栽种常规植物。凭着雄心壮志和一点想象力，您便可以将它们变成热带绿洲，让它们成为种植、烹饪、用餐或单纯放松的空间。在这里，沿着阳台四周悬挂的一串彩灯拉长了水平线，从视觉上增加了阳台的宽度。不同高度的植物和不同大小的花盆创造了景深，柔化了原本刺目的栏杆边界，从而把这个城市丛林提升到了一个新层次。

左页图：用于阳台的材料和色调与建筑结构相得益彰。耐寒热带植物以及上层露台上大量的观赏草丰富了这个空间。

上图：茁壮易养的棕榈，为狭窄的阳台增加了高度，既不会遮挡视线，又能框定城市迷人的景色。

热带丛林

暴露在狂风中的背阴露台很难变成绿洲，但并非没有可能。像八角金盘、薄叶海桐和棕榈等植物，就能够经受恶劣的生长条件，只需给予很少的照料，便能还您一片城市丛林。

将高大的园景树引入一个非常有限的空间似乎有悖常理，但在大多数情况下，由于园景树的枝叶高于视平线，反而让空间显得更大。在这座露台花园中，棕榈展开的树冠，便给人以空间更宽的错觉。

竹子茂密的枝叶可以将一个空间包围起来，为您提供一个与邻居隔开的严实屏障。可供选择的竹子种类繁多，色彩和大小也各不相同。竹子不需要太多的生长空间，却是一种可以增加空间高度的优良植物。

蚕茧状的藤条吊椅，依偎在高大的热带植物旁，是您夜晚欣赏城市天际线的绝佳场所。

上图：色彩鲜艳的家具和饰品，不仅提亮了露台原本暗淡的色调，也让露台变得生动有趣。

上图：摆放在竹子旁边的这把茧形藤制摇椅，为您的阅读和放松提供了一个阴凉舒适的场所。

上图：工业风格的壁灯在夜间可以提供氛围照明，而呈波浪形悬挂在阳台上的一串彩灯，则营造出空间更宽的错觉。

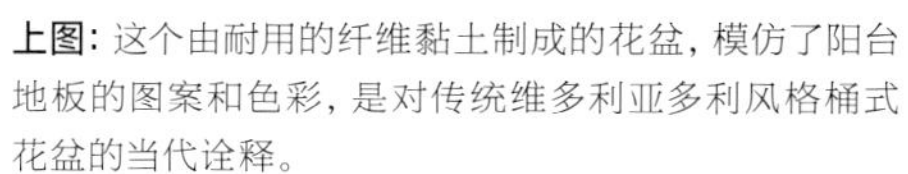

上图：这个由耐用的纤维黏土制成的花盆，模仿了阳台地板的图案和色彩，是对传统维多利亚多利风格桶式花盆的当代诠释。

右上图：种植在这里的植物必须能够经受屋顶上可能遭遇的高温、严寒和强风。

右图：这里种植的植物包括八角金盘、薄叶海桐、竹子、棕榈以及多种蕨类植物。

活用形状与图案的花园

乔治亚·林赛
Georgia Lindsay

把一个小空间变成迷人的地方并非易事，尤其是当自行车、垃圾箱和汽车也是空间的一部分时。但是这座由乔治亚·林赛设计的小型城市花园却把所有这些实用的设备隐藏了起来。储藏区非常好地融入到这个空间中，几乎看不见踪影。图案繁复的透雕细工嵌板，将座位区围拢起来，在提供私密性的同时，仍然允许光线透过来，洒下迷人的阴影。柔和的色调带来整体上统一的外观，点缀其间的亮绿色的植物，为空间带来了勃勃生机和季节性趣味。架在两个花盆之间的木制长凳，加强了花园外观的统一感。巧妙铺设的“瓷砖小地毯”标示出室外房间的中心，而长凳看起来好像漂浮在这块地毯之上。

左页图： 这个被植物环绕的小型座位区，摆放着咖啡桌和内嵌式悬浮长凳，已经成为室内生活空间的延伸。

上图： 摩尔风格的屏风将座位区围起来，在提供私密性的同时，仍然允许自然光进入这个有限的空间。

小型多功能花园

这间可以容纳四辆自行车的车棚，现在有了一个绿色屋顶。屋顶绿化是一个将原本碍眼的结构整合到花园中的绝好方法。

从温暖的土色到清冷的金属色，花园的色彩大多为灰色调。这种统一的色调营造出一个令人平静和放松的空间。

在小型城市花园中，私密性可能难以实现。庭院常常被邻近的房屋遮挡，吸引力也因此降低。但是在这里，座位区的透雕细工嵌板却形成了一个迷人的屏风，在允许光线透过的同时，也强调了空间的私密性。另外，这个屏风还能兼作精美的花格子架，为攀缘植物提供支撑。

使用室外瓷砖创造的“小地毯”标示着小花园的中心。就像室内客厅的地毯一样，“小地毯”创造了一个焦点，让人们把注意力从城市环境转移到这个精心设计的空间上。

上图：住在上面两层房间的客户从窗口向外眺望时，便可以欣赏到车棚的绿色屋顶。因此，他们无论从远处还是从近处，都可以欣赏花园。

上图：有趣的单色瓷砖铺砌成一个具有大胆几何图案的“小地毯”。这块“小地毯”不仅标定出座位区，还形成了一个焦点。

上图：灰色的现代凳子与整体的单色调相得益彰。凳子从上到下的不对称造型，看起来既随意又流畅。

“这个棘手的L形后院给设计带来了一些挑战。从铸铁楼梯下来便是后院，这里需要容纳一个停车位、车棚、垃圾箱，以及一个吸引人的座位区。此外，楼梯后面的储藏区也需要遮挡。总之，许多东西都要纳入这个40平方米的空间中。在这里，硬质景观采用了大胆的单色调，从而在色彩上与以深色嵌板为背景的植物取得了平衡。”

乔治亚·林赛

左图： 三个定制的玻璃钢花盆，为柠檬绿色和李子红色搭配的植物提供了大尺寸的种植容器。

顶图： 覆盖在楼梯踢面位置的人造铁线蕨，被用来隐藏楼梯后面的储藏区。

上图： 定制的透雕细工嵌板强调了座位区的私密性，同时也把汽车和垃圾箱屏蔽在视线之外。

迷人的工作室花园

大地园艺师工作室

The Land Gardeners

“平静”和“安宁”也许是描述花园时用得最泛滥的两个词了。然而，亨丽埃塔·考托尔德和布里奇特·埃尔沃西，这两位大地园艺师工作室的设计师设计的梦幻般的工作室花园，却真正配得上这两个词。花园的材料和色调既柔和又精致。没有任何东西过于抢眼，它们共同构成一幅完美和谐的图画。巨大的蜜花（*Malianthus major*）、密生西葫芦、茴香、无花果和薄荷等植物，在城市中心这片小而多产的城市丛林中，迸发出勃勃生机。工作室位于花园尽头的棚屋中，这让花园成为一个既可以从房屋里，又可以从工作室里欣赏的中心美景。花园中的植物大都比较高大，能够遮住望向花园两端的视线，从而给人以空间更大的错觉。这些高大的植物也与邻居花园中的大树协调呼应。

左页图：‘安娜贝尔’乔木绣球柔和如云的花朵好像漂浮在其他植物之上，它们能够遮挡从房屋或工作室望向花园的视线，让空间显得更大。

上图：拉开剧院式的落地窗帘，一幅如诗如画的花园美景便展现在您的眼前。

漂亮的生产性花园

切花植物可以栽种在整个花园中或花园中的特定区域内。大丽花、牡丹和香豌豆是绝佳的季节性切花，而刺芹、绣球和蓍草则可以制成完美的干花，用于冬季展示。

在规划花园时，您需要经常考虑的一个问题就是，您希望通过怎样的方式展现您的花园。高大的植物或特色植物有助于遮挡视线或框定景色，从而不会让您的花园一览无余。

在这座花园中，铺装材料的色调精致而简约。用于硬质景观的高质量材料为花园提供了一个经典结构，从而让植物占据中心舞台，成为全年的焦点。

花园棚屋不只是存放室外工具的储藏空间，我们完全有可能将它改造成最漂亮的工作室。在这里，一张朝向花园的书桌，让这间工作室不仅成为工作的圣地，也成为做白日梦的好地方。

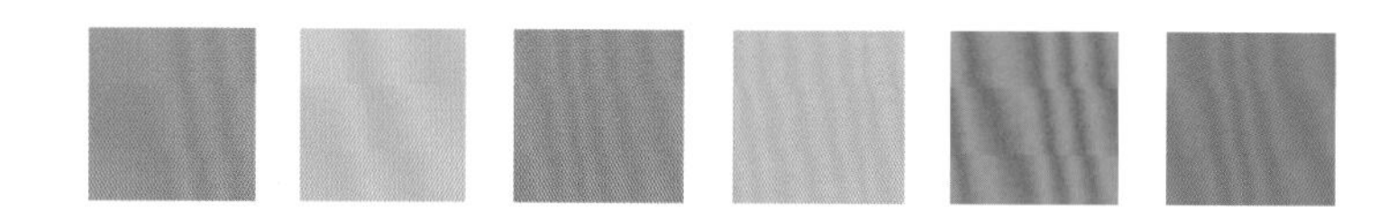

上图：古董市场是一个能够以合理的价格淘到独特物品的好地方，这张老式绿色金属长凳便是一个证明。

上图：深灰色的约克石，不仅为这座花园提供了独特迷人的背景，也为花园整体增添了轻松的氛围。

上图：准备用来做插花的大丽花切花和迷迭香切枝，以其明媚的花朵和醉人的芬芳让整个空间变得生动起来。

“这个工作室是我们自己设计的，名字叫‘大地园艺师工作室’，我们所有的花园设计工作都是在这里完成的。我们专注于设计生产性花园。因此，我们已经试着将尽可能多的生产性植物种到这个花园中，包括无花果、茴香、薄荷、蔓生菜豆、密生西葫芦、罗勒、生菜等。我们也栽种切花植物，即使在这个小空间中，我们也能采摘绣球花和月季花。”

大地园艺师工作室

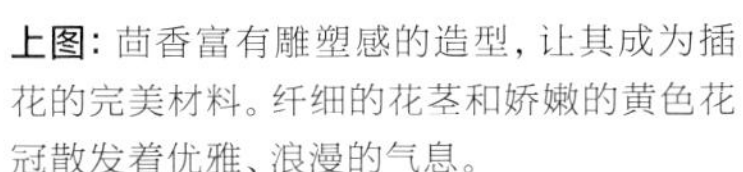

上图：茴香富有雕塑感的造型，让其成为插花的完美材料。纤细的花茎和娇嫩的黄色花冠散发着优雅、浪漫的气息。

下图：用柳条编织而成的栅栏，传达着精工细作和可持续性发展的理念。

右图：一条狭窄的园路，通向位于花园尽头的大地园艺师工作室，在两侧植物的簇拥下，给人一种沉浸其中的诗意感受。

左图: 在这里，深紫红色的地榆花点缀在蜜花中间。蜜花具有鲜明的结构形态，适合种植在阳光充足的地方，是一种优良的园景植物。

下图: 造型奇特的黄色古董椅搭配绿色瓷砖桌面的咖啡桌，俏皮的色彩为阳台营造出活泼生动的氛围。

右页图: 花园虽小，却足以生产大量的切花花卉，其中最惹人注目的是'安娜贝尔'乔木绣球。

植物猎人的梦想花园

杰克 · 沃林顿
Jack Wallington

走进这座由杰克•沃林顿设计的花园，就好像打开了植物猎人的箱子。充满异国情调的植物，一定会唤起每位游客的好奇心。在这片城市丛林中，葱郁独特的绿叶间，缀满宝石般的紫色与粉色的花朵。每株植物都被精心地摆放在最适合其生长的地方，每个角落都洋溢着令人喜悦的勃勃生机。从迷人的大丽花属植物到热带芭蕉属植物再到喜欢干燥气候的仙人掌属植物，这里收集的植物种类非常广泛。大多数植物都种植在花盆中，这样一旦冬天太冷，便可以将它们轻易地移到室内。把植物栽种在花盆中有许多好处，其中最令人兴奋的也许就是，您可以随时重新布置您的花园。万一没有达到预期的效果，您也很容易在下个季节更换盆栽植物，再次改变您的花园。

左页图： 房屋旁边的这条狭长的园路两边，种植了一系列的珍稀、独特的植物，其中大多数为热带植物。
上图： 杰克搬来后，并没有改动硬质景观，而是专注于创造一个壮观的植物展示花园。

上图： 打开大型双折门，令人惊叹的花园景观便映入眼帘，让人联想起维多利亚时期的大型植物画。

充满热带风情的粉色与紫色

这座花园中的大多数花都是粉色或紫色的。从一开始便确定好配色方案，有助于创造具有统一外观的精致花园。

水景有各种形状和大小，但不管多小，都有可能成为许多野生动物和植物的家园。几乎任意一个花盆都能变成一处水景，而且花费不多。您可能想不到，可供选择的水生植物竟然那么多!

这座花园中的植物大多为热带植物，其富有表现力的枝叶，提供了全年的欣赏趣味。创造您自己的植物选择列表是您进入园艺世界的好方法。

花园是一个令人放松的空间，但除此之外，还应该是有趣迷人的。把您的花园想象成一个创造空间，在那里您可以发现和体验种植以及与大自然重新联系在一起的乐趣。想一想，什么样的植物和景观能够引起您的好奇心。第一次打造花园时，不要担心会出错，您要知道，即使是最好的园艺师也会告诉您，完美的花园是不存在的。

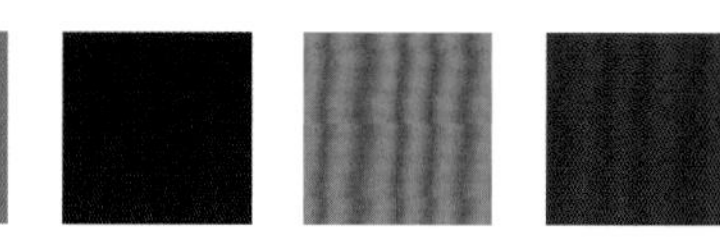

上图：花园中的观花植物的色调主要为粉色和紫色，一系列不同色调和形状的观叶植物与之相协调。

上图：大丽花是非常好的观花植物，当夏末秋初大多数植物的花期都已结束时，大丽花却正在盛开，从而为您提供绝佳的欣赏趣味。

上图：夏天，这种热带芭蕉属植物的大叶子非常醒目，如果当地温度可降至7℃以下，最好将其种植在花盆中，方便移动。

左图：在这个锌容器打造的小池塘中，茁壮生长的东方羊胡子草、‘黑斗鸡’鸢尾和‘霞妃’睡莲（一种耐寒的睡莲，又名‘红雷德克’睡莲），都充满了生机。

左下图：杰克没有错过任何可以栽种植物的地方，包括放在窗台上的一个迷人的赤陶花盆。

“我们有一间位于一楼的一居室公寓房，我把它改造成与这个小露台花园相通的开敞式房子。这个花园原本不是我设计的，早在我们买下公寓前，铺装就存在，但我尽可能把我最喜欢的植物都种到这里，创造了一个色彩丰富的城市丛林，我可以在这里培育植物、观察植物是怎样生长的。”

杰克·沃林顿

右图：尽管花园中家具很少，但两把现代金属摇椅提供的灵活性和舒适性，足以让您安静地放松并享用这个空间。

右图：花园的边界完全被植物覆盖，鲜艳的花朵探出篱笆，供邻居欣赏。

下图：园主收集的独特的植物从花园延续到室内，色调依然是粉色与紫色，效果也与室外一样令人惊叹。

右页图：点缀在花园中的几十个赤陶花盆里，种满了富有异国情调的植物。

法式复古风格花园

加布里埃尔·谢伊

Gabrielle Shay

法国乡村杂乱的街道上有些东西相当神奇，您会发现很多老式小酒馆家具、再生材料，以及爬满芬芳攀缘植物的临街房屋。创造一个迷人的法式复古风外观的关键就在于层次，而这座由加布里埃尔•谢伊设计的伦敦花园恰到好处地体现了这一点。在这里，逐渐添加的种植层次，形成了一张质地丰富的植物毯。花园四周的树木为一些古董家具提供了绿色的背景，营造出景深感和神秘感。阳台上，摆放在栏杆前面的花盆柔化了边界，并把青枝绿叶引入室内。到了夏天，成千上万朵白色络石花布满房前，让空气中充满甜蜜的芬芳。

左页上图： 旱金莲、天竺葵和绣球柔化了阳台硬朗的线条。

左页下图： 花园四周的一组老式家具提供了多种就座选择。

上图： 生长在石板间的地被植物、爬满墙壁的攀缘植物，以及各式各样花盆中丰茂的盆栽植物，让通往前门的台阶周围绿意盎然。

层次丰富的外观

把芳香攀缘植物种植在房前，用芬芳迎接您和您的客人，其中络石、绣球藤、木通和小木通是最受欢迎的选择。

将不同颜色、大小和形状的老式家具和花盆混合搭配，打造花园房间。在花园原本未使用的部分设置座位区，在小酒馆式家具周围摆满盆花，会让这个空间更受欢迎。

在成龄乔木和灌木前面放置几组花盆来创造层次感。一系列富有特色的复古层次会让人觉得，这座花园已经历经许多年甚至许多代的建造了。

老式木制板条箱可以变成时尚的花盆。把它们放在阳台地板上，有助于遮挡栏杆，并将花园与更广阔的景观联系起来。把它们分行排列，种上大量的花卉、蔬菜或其他可食用的植物，可以产生更好的效果。

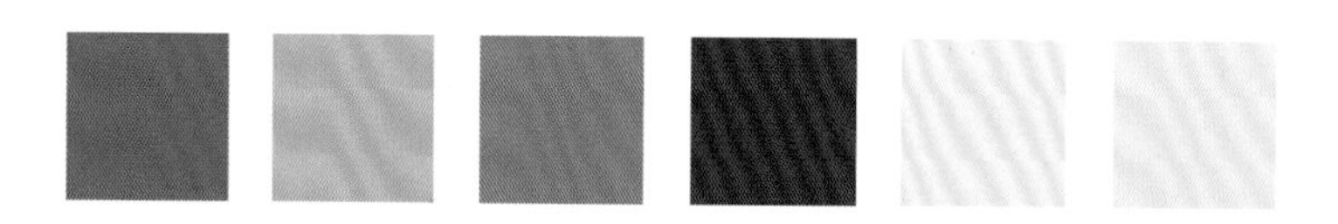

上图：匍匐地被植物在花园的任何角落均能茁壮生长，让其蔓生，可美化硬质景观的细部构造。

上图：柳条编织的嵌板与复古式花园外观相得益彰，给人田园诗般的美感。

上图：房子入口处的古董花钵，用季节性鲜花迎接着客人的到来。

“这座花园没有停留在维持原貌上，而是在不断发展变化中。随着时间的推移，我们逐渐增加了种植层次，创造出一块质地丰富的植物毯。我们把重点放在攀缘植物上，因为这座花园跟伦敦的很多花园一样，空间珍贵而有限。有些人可能觉得多层种植比较凌乱，但它们能为野生动物提供更多的东西。角落里的座位区和一大堆花盆，让花园看起来是经过打理的，因为有些人更喜欢传统的修剪整齐的花园，这样一来，他们就不会感到那么可怕了。”

加布里埃尔·谢伊

左上图：络石用其白色的星状花朵将整座房子覆盖，比其他任何植物都令人赏心悦目。

顶图：老式木制板条箱以其饱经风霜的外观，结合其中美丽的植物，为空间带来一丝乡村的魅力。

上图：这些天然石头花盆和镀锌钢桶状花盆的中性色调，与周围的绿色背景完美地融为一体，好像这些花盆一直都在那里一样。

左页图：‘拉纳斯白’绣球与下面的白色天竺葵和蔓长春花种植在同一个大型金属容器中，绿叶白花交相辉映，优雅而美丽。
左图：摆放在阳台四周的花盆，遮蔽了栏杆，让阳台与周围青葱的草木连为一体。
下图：绿荫下，一张摆放在花盆旁的老式木制长凳，提供了坐下来享受安宁的场所。

Furnish

装饰

铺装

建造花园时，首先考量的设计元素之一便是铺装。无论是阳台、园路还是露台，铺装均有助于定义这个室外空间将如何使用，从而明确花园的主要结构。园路将我们从一个空间带到另一个空间，从物理意义上和视觉上把花园中一些最常用的部分联系在一起。在冬季，当落叶植物叶片掉落，露出花园的骨架结构时，铺装往往成为最主要的特征，因此，铺装应该做到不仅实用，还要美观。仔细考虑铺装的各个方面，包括大小、布局、材料、质地和色彩，这些都非常重要，每一方面都会对空间的整体风格和景观体验产生影响。

为您的花园选择硬质景观材料时，留心考察不同的饰面效果。运用同一种材料可以获得一系列不同的质地，从光滑柔软到粗糙不平，效果不一。请注意，质地也会对材料的色彩产生影响。

左上图： 维多利亚风格的马赛克瓷砖，在这座花园的中心形成一个瞩目的焦点，并界定了座位区。

左图： 许多铺装材料有一系列不同的色彩和大小，这些材料可以混合使用，以形成复杂的图案和布局。

上图： 考虑两种交接使用的材料的关系非常重要。在这里，浅棕色的木板与黏土砖的暖色调搭配协调。

如果您的花园空间有限，不妨使用与室内装修相同的材料，这样可以达成协调统一的外观，从而让空间看起来比实际要大。大多数的室内装修材料，如石材、木材和砖，都适合在室外花园使用，但很有可能需要特殊处理，以便能够抵抗风雨的侵蚀。

虽然根据设计的不同会有所差异，但铺装往往是花园中花费最多的元素。如果您的预算有限，不妨在那些最常使用和最常看到的地方投资做高质量的铺装。而在那些平常不用或看不到的地方或园路，则可以选择一些色彩或质地与前者相同，但更便宜的替代材料。

在选择铺装材料之前，不仅需要考虑您家房屋和当地建筑的建筑属性，还要考虑更广阔的背景。把一些与现场格格不入的东西强加进去，会显得非常勉强或者很不自然。一般来讲，选用当地出产的材料往往效果很好。

远左图： 一定要对材料的不同使用方式进行研究，使用方式会对空间的整体外观和感受产生巨大影响。

左图： 再生材料能够产生非常好的效果，比如这些约克石，在保持经典低调等特点的同时，还能为一个崭新的空间注入不少个性和魅力。

下图： 硬质景观材料的色调通常受到建筑材料或室内材料的启发。这座房屋外面与里面一样，铺砌的都是图中的这种红色黏土砖。

水景

水是生命的象征，能够提升任何空间的质量。涓涓流水声具有神奇的效果，可以带来平静感和幸福感，既令人放松又让人充满活力。并非只有大型水景才能产生显著的效果，并给人们和野生动物带来享受。事实上，是水的动感和声音为一个空间增加了独有的特点。即使最棘手的空间，比如小阳台或屋顶花园等，也能建造合适的水景。在那里，只要您闭目倾听，水声便能带您远离城市的喧嚣。

虽然流水声具有不可否认的吸引力，但是不同的人喜欢的水声不同。有人喜欢轻柔的滴水声，有人可能就会把它跟恼人的水龙头漏水的声音联系起来，反而更喜欢有力的水声。类似地，快速流动的水声，在不合时宜的情形下，也可能成为令人难以忍受的噪声。

水对野生动物具有很强的吸引力，甚至会把原本难得一见的最谨慎的城市“居民”吸引过来。稍稍露出水面的水生植物或石头会引来青蛙和昆虫，而高出水面的小景观则会把鸟类吸引过来。

对于空间有限的花园来说，壁挂式水景是很好的选择。它们具有典型水景的所有优点，却又不会占用太多宝贵的空间。安装表面具有反光效果的壁挂式水景，可以营造空间更大的错觉。

选择水景时，可以把您的花园空间视为一个整体。在城市背景下，清晰可辨的规则形状，如长方形、正方形或圆形的水景，效果更好。而自然主义和乡村风格的水景，除非设计巧妙，否则很有可能与现代城市花园格格不入，看起来非常生硬。

远左图：一只紫红色的碗变成了一处水景。丰富的水生植物，让其迸发出勃勃生机。

左图：隐藏在植物间的水景可以营造神秘感和期待感。

下图：效果最好的水景有时也是最简单的水景。这个依偎在植物间的大型金属池塘，可以产生迷人的镜面效果。

储藏

人们往往在花园建成后才考虑储藏的问题，但这个问题在设计之初就应该认真考量。储藏空间可以既实用又美观。事实上，它们不仅与花园中其他家具没有任何不同，甚至还能成为工艺精美的视觉焦点。除了那种装满早已遗忘的花园用具的传统棚屋外，还有许多其他方式，可以将储藏区整合到花园空间。室外橱柜、储物长凳、精心搭建的原木搁架，甚至升级改造的家具，都可能让您的花园变得更加宽敞整洁。

可供选择的高品质园艺工具特别丰富，其中有些工具非常精美，把它们藏进棚屋深处就太可惜了。不妨将它们挂在花园的墙上，摆在壁挂式架子上或高架梯子上。

如果需要花园棚屋，应考虑好哪种规模和形式最适合您的需要。从宽而矮，到高而窄，棚屋具有各种形状和大小。如果您有很多比较长的花园工具需要存放，比如铲子、叉子和刷子等，那么高而窄的棚屋就非常合适。

如果花园空间有限，使用多功能家具可以帮您最大限度地发挥花园的潜力。长凳、椅子甚至咖啡桌都可以设计成可以兼作储藏单元的家具。

把小型城市花园变成只能称为“储藏空间”的地方是一种很常见的做法。从自行车、垃圾箱、园艺工具到不用的家具，这一切慢慢占据了花园，结果可以享用的空间所剩无几。因此，从设计伊始，您就需要仔细考虑，您将需要多少储藏空间，以及如何最好地将其融入到您的花园中。

右图：许多室外家具都可以设计成兼具储藏功能。打开这条长凳的木制凳面，您会发现里面为花园用具提供了很大的储藏空间。

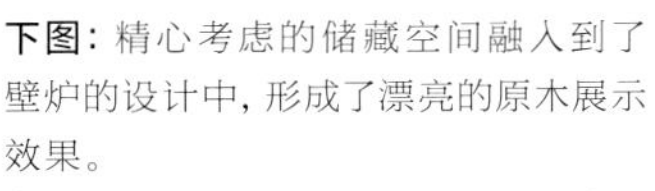

下图：精心考虑的储藏空间融入到了壁炉的设计中，形成了漂亮的原木展示效果。

右图：花园储藏区不一定沉闷、昏暗、乏味，这个有趣的现代室外橱柜就是一个证明。

绿色屋顶

从家用规模的绿色屋顶系统首次出现在城市园林市场开始，绿色屋顶已经走过了很长的道路。如今，从低维护、轻量级的景天属植物，到自然主义的原生态野花草甸和具有生物多样性的小生境，绿色屋顶几乎可用于所有的花园类型。绿色屋顶除了可以提供与传统花园一样迷人的季节性展示外，还能够占据未被充分利用的城市表面，让大自然重新回到城市。绿色屋顶不仅能够容纳丰富多样的植物，还能为野生动物创造栖息地、储藏雨水、冷却空气温度，以及为建筑提供隔热层。

并非只有大规模的绿色屋顶才有价值。屋顶延伸部分、花园棚屋，甚至储藏区域的屋顶，都可以变成小规模的漂亮景观。

您决定建造的绿色屋顶的类型，应该与场地条件、花园景观、用水量和可用的土壤深度相适应。其中，土壤深度尤其重要，因为任何增加的荷载都会对支撑它的建筑结构产生影响。

最环保的绿色屋顶被称为“生物多样性屋顶”。它的主要功能是通过重建当地被建筑物取代的栖息地，来增加生物多样性。通过引入石头、沙子和有机物，把昆虫吸引过来，屋顶逐渐会被自播繁衍的植物所覆盖。

与任何其他类型的花园一样，绿色屋顶必须定期维护。人们通常认为野花屋顶属于低维护的类型，但它们其实需要移除上个季节的残留物，以利于种子的传播，从而为下个季节做好准备。对于需要特定的施工条件和维护要求的绿色屋顶，大多数绿色屋顶专家都能给出最合适的建议。

左图：覆盖在车棚顶部的迷人的绿色屋顶，提供了植物和野生动物的季节性展示。

上图：大多数景天属植物具有根系浅、重量轻、易于维护的特点，这让其成为最受欢迎的绿色屋顶植物之一。

下图：只要安装正确并定期维护，绿色屋顶便可以展示最迷人和最复杂的种植设计。

绿墙

近年来，我们开始对大自然和花园能够给我们的生活带来怎样的好处有了更多的了解。然而，并不是每个人都能拥有一个大花园。我们所在的混凝土丛林缺少大自然的气息，所以这更需要我们创造性地利用每个可用的空间，包括墙壁。几乎每一面墙都可以变成郁郁葱葱、生机勃勃、香气四溢的花园。这样的花园不仅可以给房屋增加美学价值和生态价值，甚至还可以成为实用的生产性花园。

与绿色屋顶类似，绿墙也会对空气质量、温度和径流产生很大影响。它们有助于增加生物多样性，吸引野生动物重返城市。绿墙也可以设计为额外的建筑保温层，让您家冬天更温暖，夏天更凉爽。

如果您打算安装绿墙，您需要考虑后期出现的棘手问题。首先，绿墙的安装成本很高，但更重要的是，维护成本也很高。另外，从项目伊始您就必须考虑如何灌溉和更新植物，以便可以延长绿墙的使用寿命。

在空间有限的城市花园中，绿墙可以成为不断变化的元素。较大的植物看起来效果更好，但也需要更多的土壤稳固根基。此外，一定要考虑土壤和植物的重量，尤其是浇水之后的重量，确保支撑结构的稳固性。

可用于建造绿墙的植物种类繁多。像草莓这样的植物，不需要太多的土壤便能茁壮生长，在大多数情况下，这些植物都是理想的选择。类似地，您也可以种植薄荷、薰衣草和金盏花等香草，来创造一个芳香四溢的绿墙。还可以将它们采摘下来，与夏日的鸡尾酒一起享用。

下图：建造绿墙最简单的方法就是最传统的方法，即在靠近墙或篱笆的地方种植攀缘植物或蔓生植物。

右图：一面从地板直至天花板的迷人的绿墙，将室内与室外空间连接起来，模糊了两者的边界。

右图：用植物覆盖城市花园的墙壁，不仅具有美学价值，还能为野生动物提供栖息地。

照明

照明可以让任何一个花园产生很大的变化，有助于创造恰到好处的氛围，增加您在花园中停留的时间。照明无论在夏季还是在寒冷的冬季，都可以让花园更具吸引力。

照明除了具有实用性，还应该具有增强游客体验、创造趣味并指示穿过空间的路径等功能。有许多不同的方式可为花园引入照明，可供选择的灯具也不可胜数。注意不要让光线充斥整个空间，这点很重要。成功的照明设计，关键在于巧妙。照明应该用于突出重要的空间、焦点和物品，比如露台、座位区、构架植物、水景等，但绝对不要用强光将其淹没。

在设计之初就需要考虑照明设计。这样一来，灯具便可以毫无痕迹地融入到铺装、家具、水景或雕塑景观等关键区域和元素中，成为花园不可分割的一部分，而不是变成平庸的花园附加物。

不同种类的照明设施可以达到多种不同的效果。聚光灯可以突出特定设计元素或园景植物。

下图：点缀在石雕内部的蜡烛散发着温暖的烛光，而隐蔽的聚光灯则突出了墙壁的特征。

右图：在几十个闪闪发光的小彩灯的衬托下，悬挂在树枝上的一盏造型奇特的灯，成为焦点。

右下图：彩灯非常适合营造一种温暖放松的氛围，让人想起夏天假日的夜晚。

向上照明非常适合使用地面嵌入式灯具，用于强调园路和座位区。把聚光灯放置在特定园景后面，可用背光制造剪影。

如果您的预算有限，您可以重点给花园中最美的元素，比如水景，进行照明。晚上灯光亮起时，这些景色看起来会非常漂亮。灯具可以安置在靠近水面的植物间，也可以放在水面以下，用来突出动感和倒影。

为了让照明达到最好的效果，可尝试在花园的不同高度和不同地点，使用不同的照明技术。比较柔和的灯光可以营造整体的氛围，比较明亮的灯光则可用于强调关键区域和突出花园中最重要的植物，这样一来，就可以创造出一个层次分明的空间。

在设计照明方案时，不要忘记考虑色彩。色彩必定会对花园的整体氛围产生巨大影响。冷色调的灯光会使空间在感觉上更凉爽，而柔和的黄色调则可以营造出更加温暖舒适的氛围。其他色彩的灯光，如红色、绿色和蓝色等，则比较棘手，需要精心搭配，才能达到理想的效果。

右图：把一盏工业风格的灯，比如一盏大台灯，安装在墙上，其余光便可照亮室外餐桌。

上图：选择与墙壁图案和色彩相匹配的低调的壁挂式灯具，以避免分散照明本身的效果。

右图：除了照明这一主要功能，灯具还可以用作装饰性设计元素，营造理想的氛围。

家具

花园具有审美价值，我们欣赏花园的美丽时，需要记得，花园的主要功能是提供一个可以供人享受、放松和创造回忆的空间。对很多人来说，最寻常的回忆常常与以下这些事情相关：和一群朋友围坐在火炉旁，和家人一起吃饭、欢度快乐时光，或者在树下的吊床上一边晃动一边看书。

每一个回忆都与加强这种感受的室外家具有直接联系。家具是花园不可分割的一部分，不应该被视为事后添加的东西。家具可以改变一个空间，因此，在花园设计中，对待家具要像对待其他任何元素一样，进行认真考量。

许多人都喜欢给家中加入独特的个性。最小和最简单的细节，比如室外地毯、靠垫或桌布，都可以赋予花园以独特的外观，反映出主人的个人品位。

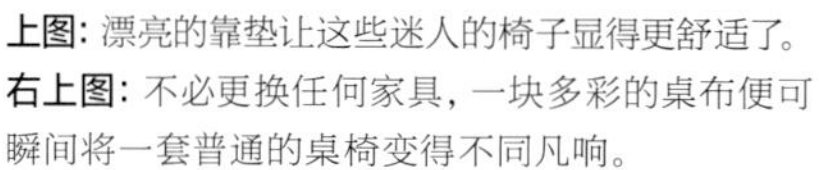

上图：漂亮的靠垫让这些迷人的椅子显得更舒适了。
右上图：不必更换任何家具，一块多彩的桌布便可瞬间将一套普通的桌椅变得不同凡响。
右图：家具可以为任何一个空间注入个性和色彩。这些斑驳的老式金属椅，为这座宁静的庭院带来一抹神秘的色彩。

我一直认为，如果花园的主要结构特征和花园的背景材料是令人舒适且风格统一的，那么较小的设计元素和细节便可以更加不拘一格，从而为空间注入更多的个性和魅力。

家具的舒适性跟风格一样重要，甚至更重要。每件家具都应该既精美又实用。如果家具不舒适，在花园中的体验便会受到影响，因此，购买之前一定要像对待任何室内家具一样，对其舒适性进行测试。

家具不应该仅仅具有实用性，它完全可以给空间带来雕塑般的品质。许多花园家具供应商能够提供一系列可供选择的产品，但与室内家具制造商相比，其产量少之又少。您也许能发现一套为室内设计的家具也非常适合放在花园中。

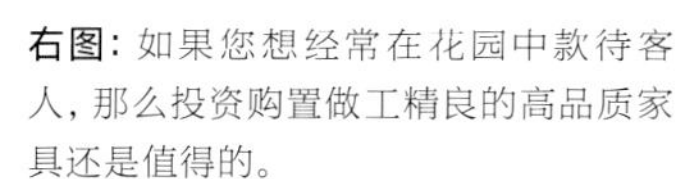

右图： 如果您想经常在花园中款待客人，那么投资购置做工精良的高品质家具还是值得的。

下图： 在网上或古董市场上，可以发现一些不寻常和极具特色的花园家具。

下图： 在屋顶露台或阳台花园这些空间有限的地方，如何收纳小物件以保持花园的整洁？一个富有启示的解决方案便是——一辆迷人的手推车置物架。

种植容器

没有种植容器，就不可能有阳台花园和屋顶花园。容器为小型城市花园，以及热带植物爱好者提供了许多机会。容器可以让我们种植我们想要的任何植物，还可以让我们把这些植物从一个家搬到另一个家。容器还提供了为花园引入球根植物和一年生草本植物等季节性植物的机会，而且如有需要，这些植物每年都可以轻易更换，而不必终年保持同一种配色或种植方案。容器的种类繁多，任何花园空间都至少可以找到一款合适的容器。

要想种植成功，任何种植容器都需要足够的盆栽用土、充足的水分以及良好的排水。排水和浇水一样重要，因为它可以让多余的水分流出，从而避免土壤涝渍，引起植物根系腐烂。

左上图： 即使是小型种植容器，也能让花园的外观和氛围产生巨大的变化。

左图： 大型容器可用于种植高大的园景植物，甚至树木。就像这座屋顶花园一样，容器可以瞬间改变一个空间。

上图： 几十个不同大小的赤陶花盆，展示了一组有趣易养的多肉植物。

可以说，所有金属中最含蓄低调的便是镀锌钢了。中性的灰色确保它可以融入任何环境，从而让种植占据中心舞台。无论您的花园风格如何，如果您不确定何种金属容器最适合您的花园空间，镀锌钢永远都是很好的选择。

选择容器时一定要把重量考虑在内。重的容器自然更稳定，但对屋顶花园和阳台花园来说，必不可少的是轻的容器。因为一旦装满土，大型容器会变得非常重，尤其在浇水或大雨后，有可能就过于重了。

一般来说，容器不应该比种在里面的植物更重要或更抢眼，除非要用到它们的雕塑特征或被用作空间的焦点。在大多数情况下，容器应该用作植物生长的载体，让植物占据中心舞台。

左图： 草本植物特别适合种在容器中，在阳台花园等很小的空间，效果尤其好。

左下图： 独特的花盆可以作为雕塑景观和视觉焦点，为空间增添趣味、色彩或高度。

下图： 镀锌钢容器是最流行的一种花盆类型，其低调的外观可与大多数花园风格（无论是传统村舍式还是现代风格）相协调。

Plant

植物

构架植物

‘曲枝’欧榛

拉丁名： *Corylus avellana* ‘Contorta’

英文名： Corkscrew hazel

栽植条件： 全日照或部分遮阴。

管理： 早春清除枯枝。

小贴士： 在寒冷的冬季，‘曲枝’欧榛枝桠盘错的轮廓美得令人惊叹。将其与铁筷一起种植在大容器中，可提供迷人的季节性展示。

川西荚蒾

拉丁名： *Viburnum davidii*

英文名： David viburnum

栽植条件： 全日照到全遮阴。

管理： 冬末春初进行轻剪，以保持圆顶状树形。

小贴士： 可在其他植物难以生长的地方种植这种健壮的构架植物。它比大多数植物更耐阴，可供全年欣赏。

月桂

拉丁名： *Laurus nobilis*

英文名： Bay tree

栽植条件： 全日照或部分遮阴，避免强风。

管理： 夏季轻剪，并施加缓释肥。

小贴士： 月桂叶在世界各地的厨房中都有使用，每位热衷烹饪的厨师都应该在花园中种植一棵月桂树，以便源源不断地获取芳香的月桂叶。

欧洲红豆杉

拉丁名：*Taxus baccata*

英文名：English yew

栽植条件：全日照或部分遮阴。

管理：夏末秋初修剪，创造想要的造型。

小贴士：可作为雕塑元素种植在天然草和多年生草本植物之间，也可作为背景树篱使用。

矮赤松

拉丁名：*Pinus mugo*

英文名：Dwarf mountain pine

栽植条件：全日照。

管理：种植在阳光充足、排水良好的地方。

小贴士：这是一种非常适合枯山水园林的构架植物。生长速度缓慢，无需太多养护。

'高尔夫球'薄叶海桐

拉丁名：*Pittosporum tenuifolium* 'Golf Ball'

英文名：Kohuhu

栽植条件：全日照或部分遮阴。

管理：这个栽培品种能够自然长成整齐的圆球形，因此有"高尔夫球"之称。无需太多修剪。

小贴士：薄叶海桐株型紧凑，枝叶常绿，是一种优良的构架植物。

'鲁贝拉'日本茵芋

拉丁名：*Skimia japonica* 'Rubella'

英文名：Japanese skimmia

栽植条件：部分至全部遮阴。

管理：茵芋是一种易于养护的植物。如有需要，可在花期过后修剪。对每年一次的覆盖式腐熟堆肥反应良好。

小贴士：这种易养的优良植物，可在秋冬两季为花园提供结构和色彩。

桦叶鹅耳枥

拉丁名：*Carpinus betulus*

英文名：Hornbeam

栽植条件：全日照或部分遮阴。

管理：在夏末秋初进行修剪，以保持整齐规则的树篱形状。

小贴士：这种植物的叶子在秋天会变为美丽的焦橙色，其结构性趣味可供全年欣赏。

齿叶冬青

拉丁名：*Ilex crenata*

英文名：Japanese holly

栽植条件：全日照或部分遮阴。

管理：秋末修剪，以保持其茁壮的结构性造型。

小贴士：齿叶冬青不易发生病虫害，可替代容易发生枯萎病的黄杨，达到同样的结构性趣味和美感。

'沃特尔'欧洲赤松

拉丁名：*Pinus sylvestris* 'Watereri'

英文名：Dwarf Scots pine

栽植条件：全日照或部分遮阴。

管理：把这种生长缓慢、易于管理的矮松，种植在排水良好的土壤中。成龄后，非常耐旱。

小贴士：具有钢蓝色的针叶和橘棕色的树皮。在日式花园里，可将其修剪成盆景形状，看起来非常漂亮。

装饰植物

蜜腺大戟

拉丁名： *Euphorbia mellifera*

英文名： Canary spurge

栽植条件： 全日照或部分遮阴。

管理： 春季移除多余的幼苗。春末夏初，修剪到想要的大小，如果植株细弱，更应如此。树液对皮肤有刺激性。

小贴士： 摘掉花蕾可加快生长速度，增大叶片尺寸。

红枫

拉丁名： *Acer palmatum* ‘Atropurpureum’

英文名： Purple Japanese maple

栽植条件： 部分遮阴或阴蔽。

管理： 避免大风和长时间曝晒。

小贴士： 红枫生长缓慢，如果空间有限，可以把它种植在容器中。红枫树形紧凑，观赏性强，可为您的花园注入一抹无与伦比的秋色。

巨针茅

拉丁名： *Stipa gigantea*

英文名： Golden oats

栽植条件： 全日照。

管理： 初春修剪，或用耙子梳理，清除枯叶。

小贴士： 这种观赏草观赏性极佳，令人流连忘返，如果生长条件良好，高度可达2.5米。

‘希德寇特’薰衣草

拉丁名： *Lavandula angustifolia* ‘Hidcote’

英文名： English lavender ‘Hidcote’

栽植条件： 全日照。

管理： 冬季小心修剪，注意不要伤到木质茎。

小贴士： 这种深色薰衣草可为种植床、园路或露台提供紧凑的结构性边缘。把薰衣草种植在靠近座位区的地方，您便可以尽情享受其沁人心脾的芬芳。

常绿大戟

拉丁名： *Euphorbia characias* subsp. *wulfenii*

英文名： Mediterranean spurge

栽植条件： 全日照。

管理： 接触时对皮肤和眼睛有刺激性。及时疏除过密的幼苗。把开过花的花茎从基部剪掉，可促其萌发新枝。

小贴士： 要给它留出足够的生长空间，其优美的形态和柠檬绿的花朵可提供全年的欣赏趣味。

蜜花

拉丁名： *Melianthus major*

英文名： Honey flower

栽植条件： 全日照，阴蔽。

管理： 在寒冷的冬季，尤其是温度降到冰点以下时，要注意防寒保护。可用干草等覆盖土壤。春季要修剪，以利于新一季的生长。

小贴士： 一个季度便可长到2米高，因此需要种植在大型花盆中。

八角金盘

拉丁名：*Fatsia japonica*

英文名：Japanese aralia

栽植条件：部分遮阴。

管理：这种低维护的植物可在几乎任何类型的土壤中生长，但不喜冷风。长时间的阳光直射可能导致叶片变黄。老叶变成褐色后应及时摘掉。

小贴士：尽管有些人认为八角金盘是一种老式的植物，但与互补植物搭配在一起，可创造一个富有异国情调的漂亮景观。将其单独种植在一个大容器中，修剪成大型园景植物，看起来也令人印象深刻。

‘棕色火鸡’无花果

拉丁名：*Ficus carica* ‘Brown Turkey’

英文名：Fig ‘Brown Turkey’

栽植条件：全日照到部分遮阴。

管理：需要排水良好的土壤。如果希望其长成一棵大型园景植物，可除去不想要的果实，让植物集中能量生长。

小贴士：把无花果种在花盆中，限制根系生长，可提高果实产量，但要经常浇水。

欧丁香

拉丁名：*Syringa vulgaris*

英文名：Lilac

栽植条件：全日照到部分遮阴。

管理：如果不修剪，枝条会变细弱。夏季花期过后修剪，整理成理想的树形。

小贴士：欧丁香有许多不同的栽培品种，其花色和生长速度也各不相同。对于一个小花园来说，可选择生长缓慢的紧凑型的品种。欧丁香具有美丽的形态和芬芳的花朵，用于插花，可取得令人惊叹的效果。

攀缘植物

毛葡萄

拉丁名： *Vitis heyneana*

英文名： Crimson glory vine

栽植条件： 全日照到部分遮阴。

管理： 种植在潮湿且排水良好的土壤中。在形成主体结构并能支持新枝生长之前，需要为其提供支撑。

小贴士： 这种葡萄生长旺盛，可用来快速覆盖凉亭和其他大型花园结构。

络石

拉丁名： *Trachelopermum jasminoides*

英文名： Star jasmine

栽植条件： 全日照。

管理： 花期过后修剪，以便与可用的生长空间匹配。在容易发生霜冻的地区，将其种植在以壤土为主的花盆中，冬天移至无霜冻的地方。

小贴士： 络石非常适于覆盖园墙、栅栏、花格子架和凉亭。

紫藤

拉丁名： *Wisteria sinensis*

英文名： Chinese wisteria

栽植条件： 全日照到轻度遮阴。

管理： 紫藤需要大量的养护、熟练的修剪整形，才能形成传统的棚架式造型。定期施加大量腐熟堆肥，以增加花量。

小贴士： 建议购买正在开花的紫藤，因为它们的花量以后可能更大。

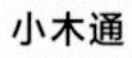

小木通

拉丁名： *Clematis armandii*

英文名： Armand clematis

栽植条件： 全日照到部分遮阴。

管理： 种植在有遮挡的地方以避免强风。尽管小木通本身喜光，但其根系更喜欢深埋在凉爽、潮湿且排水良好的土壤中。

小贴士： 建议种植在入口处或座位区附近，便于欣赏。您不仅可以全年欣赏其常绿的枝叶，还可以在春季享受其奶白色花朵的美丽和芳香。

冠盖绣球

拉丁名：*Hydrangea anomala*

英文名：Climbing hydrangea

栽植条件：全日照到遮阴。

管理：大量浇水，直到植株在肥沃的土壤中完全扎根。注意防强风。小心修剪，否则，下一季花量会减少。

小贴士：即使在花园中最阴凉的地方，冠盖绣球也能生长良好。春末夏初，其精致的白色大花可为您提供季节性趣味；秋天，其金色的叶子可为花园带来一抹亮丽的秋色。

‘白冠’西番莲

拉丁名：*Passiflora caerulea* ‘Constance Eliott’

英文名：Passion flower

栽植条件：全日照到部分遮阴。

管理：种植在潮湿但排水良好的土壤中，避免强劲的寒风。春季剪掉杂乱或过密的枝条。

小贴士：西番莲这个种有许多花色亮丽的品种，‘白冠’西番莲这个品种却凭借不常见的白色花朵，以奇特繁复的花朵结构脱颖而出。它能以其繁茂的白花迅速覆盖很大的表面，自然地融入任何一种配色方案。

‘月光’绣球钻地风

拉丁名：*Schizophragma hydrangeoides* ‘Moonlight’

英文名：Moonlight Japanese hydrangea vine

栽植条件：全日照到部分遮阴。

管理：如果想用这种植物覆盖围栏或墙，需要种植在距离围栏或墙至少50厘米开外的地方，同时提供支撑，直到其主体结构建立起来为止。

小贴士：这种攀缘植物的心形银色大叶可为任何花园提供美丽的背景。成龄后，能够开满壮观别致的白花，成为夏季的明星植物。

狗枣猕猴桃

拉丁名：*Actinidia kolomikta*

英文名：Kolomikta vine

栽植条件：全日照。

管理：一般来说，这种藤本植物易于养护。应该春季修剪，完全扎根之前需要提供支撑。在有遮蔽、土壤腐殖质丰富且排水良好的环境中生长最好。

小贴士：其心形绿叶带有白色或亮粉色的叶尖，看起来像在颜料中蘸过一样。这种藤本植物，可以为原本单调的种植计划注入个性。也可将其与其他色彩独特的植物搭配，创造一处不同寻常的植物景观。

‘弗朗西斯·里维斯’铁线莲

拉丁名：*Clematis* ‘Frances Rivis’

英文名：Clematis ‘Frances Rivis’

栽植条件：全日照到遮阴。

管理：这种铁线莲无需太多养护，只要保持根部土壤凉爽，每年都能茁壮生长。一般无需修剪，但如有必要，轻剪便可以让其保持良好的形态。

小贴士：对园艺新手来说，这是一种理想的攀缘植物，即使在毫无遮挡的寒冷地区也能生长良好。这种美丽的铁线莲，每年都将为您提供丰富迷人的浅蓝色花朵。

‘慷慨的园丁’月季

拉丁名：*Rosa* ‘The Generous Gardener’

英文名：Ausdrawn

栽植条件：全日照到部分遮阴。

管理：把这种月季种在比根系土球大一倍的坑内，加入一些有机物，给根系留出足够的生长空间。为其提供支撑，使其长成所需的形态。

小贴士：种植这种月季，为的是它那芳香宜人的淡粉色花朵。用它覆盖园墙，可让整个空间充满古典月季香、麝香和没药香的混合香气。

提供全年观赏趣味的植物

‘鹅黄’圆锥绣球

拉丁名： *Hydrangea paniculata* ‘Limelight’

英文名： Hydrangea ‘Limelight’

栽植条件： 全日照到部分遮阴。

管理： 种植之前在土壤中加入大量花园堆肥，并为其留出足够的生长空间。春季修剪，以促进新一季的生长和开花。

小贴士： 这种绣球的干花在冬季插花中很受欢迎。

‘金边’瑞香

拉丁名： *Daphne odora* ‘Aureomarginata’

英文名： Daphne

栽植条件： 全日照到部分遮阴。

管理： 这种生长缓慢的灌木几乎无需养护和修剪，只要避免水涝，在大多数类型的土壤中均能生长良好。

小贴士： 这种早花的花园灌木，仅仅一小枝，便能让您家中充满甜美的花香。

拉马克唐棣

拉丁名： *Amelanchier lamarckii*

英文名： Snowy mespilus

栽植条件： 全日照到部分遮阴。

管理： 冬季去除所有的病枝和缠绕枝，以获得理想的形态。

小贴士： 将其修剪成多干式的园景树，可以为您提供全年的欣赏趣味，包括春天的白花，夏天的浆果，以及秋天的红叶。

细叶芒

拉丁名： *Miscanthus sinensis* ‘Gracillimus’

英文名： Eulalia

栽植条件： 全日照。

管理： 在新一季生长期到来之前，将其剪至地表部位。

小贴士： 种植这种草可以延长花园的季节性趣味。将其种植在大型容器中，其柔软的流苏状花头具有雕塑般的外观，冬天看起来也非常漂亮。

罗比扁桃叶大戟

拉丁名： *Euphorbia amygdaloides* var. *robbiae*

英文名： Wood spurge; Mrs Robb's Bonnet

栽植条件： 部分遮阴。

管理： 春季移去多余的幼苗，避免它们产生可能的入侵性。

小贴士： 这种地被植物耐旱耐阴，特别适合在一些棘手的地方种植。将其与其他林地风格的植物混植，可获得在任何季节看起来都很漂亮的自然主义风格的林地景观。

俄罗斯糙苏

拉丁名： *Phlomis russeliana*

英文名： Turkish sage

栽植条件： 全日照。

管理： 种在阳光充足、排水良好的地方。春季去除老叶、枯叶和残花。

小贴士： 随着季节的变化，其黄色的花朵会变成深锈色。从如云的常绿枝叶中挺立而出的花朵，让其成为可供全年欣赏的优良植物。

‘温柔的爱抚’安坪十大功劳

拉丁名: *Mahonia eurybracteata* subsp. *ganpinensis* ‘Soft Caress’

英文名: Oregon grape ‘Soft Caress’

栽植条件: 全日照到部分遮阴。

管理: 完全扎根之前和开花时，需浇足水。

小贴士: 将这种观赏灌木种植在大型容器中，提升其存在感。作为回报，它则可以延长花园的花季，在冬季也能将野生动物吸引过来。

‘卡尔·弗斯特’尖拂子茅

拉丁名: *Calamagrostis* × *acutiflora* ‘Karl Foerster’

英文名: Feather reed-grass ‘Karl Foerster’

栽植条件: 全日照到部分遮阴。

管理: 每年冬末在新枝抽生之前修剪一次。

小贴士: 春天它用纤细的新绿，夏天它则用金色的花头，为您的花园带来动人的美感。可将枯萎的花头留到来年春天。

‘魅力’北美腹水草

拉丁名: *Veronicastrum virginicum* ‘Fascination’

英文名: Culver’s root ‘Fascination’

栽植条件: 全日照到部分遮阴。

管理: 春季，将过密的植丛分开。

小贴士: 有些人喜欢花期结束后修剪，但如果您把那些烟花状的花头留在枝头，它们会在整个冬季都为您带来欣赏趣味。

‘欢乐’杂交淫羊霍

拉丁名: *Epimedium* × *perralchicum* ‘Fröhnleiten’

英文名: Barrenwort ‘Fröhnleiten’

栽植条件: 全日照到部分遮阴。

管理: 这种植物几乎无需管理。秋季很容易挖出并分株。如有需要，可在春季去除枯叶。

小贴士: 这种可爱的地被植物，能够以其亮黄色的花朵和不断变化的叶色，为您提供持久的欣赏趣味。

提供季节性观赏趣味的植物

岷江百合

拉丁名： *Lilium regale*

英文名： Regal lily; King's lily

栽植条件： 全日照。

管理： 把球根种植在富含腐熟花园堆肥的土壤中，深度为15~20厘米。春季开花之前需提供支撑。秋末将其剪至地表部位。

小贴士： 种植在靠近您家的容器中，以享受其醉人的芬芳。也可与其他植物混植，用来增加花园的高度和气势。

'巴克艾美人'芍药

拉丁名： *Paeonia* 'Buckeye Belle'

英文名： Peony 'Buckeye Belle'

栽植条件： 全日照到部分遮阴。

管理： 花谢后及时剪掉残花。春季在植物根部周围施加缓释肥。

小贴士： 春天，这种芍药能以其令人惊艳的深红色花瓣和金黄色的雄蕊，把您的花园装点得像宝石般绚烂。

'印度女皇'旱金莲

拉丁名： *Tropaeolum majus* 'Empress of India'

英文名： Nasturtium 'Empress of India'

栽植条件： 全日照。

管理： 及时剪掉残花并施肥，可延长花期。

小贴士： 从初夏到秋天，其橘红色花朵都将为您提供欣赏趣味。将其种植在容器中可制造悬垂效果，或为其提供支撑，用于创造生动的立面造型。

花格贝母

拉丁名： *Fritillaria meleagris*

英文名： Snake' s head fritillary

栽植条件： 全日照到部分遮阴。

管理： 秋季将其种植在排水良好的肥沃土壤中，种植深度以10~12厘米为宜。

小贴士： 这种植物春季开花，花朵非常具有存在感。将其种植在草坪上，看起来会十分惊艳。

'春绿'郁金香

拉丁名： *Tulipa* 'Spring Green'

英文名： Tulip 'Spring Green'

栽植条件： 全日照到部分遮阴。

管理： 为了预防真菌病，秋季天气转凉后，将球根种植在阳光充足、潮湿但排水良好的土壤中。不喜涝渍土壤。

小贴士： 可将球根种植在容器中，放在露台上最显眼的位置。

大阿米芹

拉丁名： *Ammi majus*

英文名： Bullwort; Bishop's weed

栽植条件： 全日照到部分遮阴。

管理： 秋季在地里播种，以获得大量的花朵和高大健壮的植株。

小贴士： 群植，上层将形成白云般的大片花朵；散植，则能带来高度和轻盈感。花能从初夏开到初秋，花期为两个月。

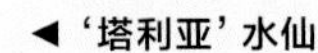

◀'塔利亚'水仙

拉丁名： *Narcissus* 'Thalia'

英文名： Triandrus daffodil 'Thalia'

栽植条件： 全日照到部分遮阴。

管理： 秋季种植，在土壤中的深度以10~15厘米为宜。

小贴士： 这种优雅纯净的白色水仙花，因其经典美丽的外观，可为任何类型或风格的花园带来春季的趣味。可丛植在花境前或栽种在从室内可以看到的容器中。

'迷信'鸢尾

拉丁名： *Iris* 'Superstition'

英文名： Bearded iris 'Superstition'

栽植条件： 全日照。

管理： 花期过后，将其剪至地表部位，以促使其生成新的地下根茎。

小贴士： 丛植，大量深紫色花朵将为您展示春天的魅力。

'维纳斯的黑曜石'大丽花

拉丁名： *Dahlia* 'Verrone's Obsidian'

英文名： Dahlia 'Verrone's Obsidian'

栽植条件： 全日照。

管理： 将块根挖出并保存在无霜冻的地方过冬。植株生长期间需提供支撑。

小贴士： 这种大丽花可为您的空间注入一种奢华感。从仲夏到深秋，其黑紫色花朵可持续为您展示动人的风姿。

可食用植物

韭菜

拉丁名： *Allium tuberosum*

英文名： Chinese chives; Garlic chives

栽植条件： 全日照。

管理： 持续收割，可促使新叶生长。

小贴士： 种植在容器中，冬季可移入室内。可全年为您提供健康美味的叶子。

迷迭香

拉丁名： *Rosmarinus officinalis*

英文名： Rosemary

栽植条件： 全日照。

管理： 春季修剪，定期收割可促使新叶生长，并防止植株变得稀疏纤细。

小贴士： 与其他观赏植物混植，可提供结构和宜人的芬芳，除了为您带来美食享受，还能引来传粉昆虫。

欧白芷

拉丁名： *Angelica archangelica*

英文名： Angelica; Angel's fishing rod

栽植条件： 全日照到部分遮阴。

管理： 种植在潮湿但排水良好的土壤中，避免土壤干透。花头变成种荚后，如留在枝头，可自播繁衍。

小贴士： 欧白芷不仅看起来具有造型美感，而且无论糖渍、炒制还是蒸制，吃起来都非常美味。

茴香

拉丁名： *Foeniculum vulgare*

英文名： Fennel

栽植条件： 全日照。

管理： 茴香易自播繁衍，为了控制这一点，要在黄花变成种穗之前将花剪掉。

小贴士： 茴香因其味美而广泛用于烹饪，除此之外，它还是一种无可否认的美丽植物。用于花境，其柔软精致的枝叶可营造出如云的美感。

普通百里香

拉丁名： *Thymus vulgaris*

英文名： Thyme

栽植条件： 全日照。

管理： 定期收割，可促使新枝叶生长，同时也可防止植株徒长。

小贴士： 这也许是最普通且最受欢迎的香草之一，世界各地均有种植。即使种植在阳台上，也能为您的药草花园增添魅力。

野草莓

拉丁名：*Fragaria vesca*

英文名：Wild strawberry

栽植条件：全日照到部分遮阴。

管理：种植在阳光充足的地方，定期浇水，可促使其多结果。喜微酸性且富含腐殖质的土壤。

小贴士：作为地被植物种植，可提供季节性趣味，您可以欣赏到绿叶织就的地毯被柔和娇嫩的花朵染白，之后又被新鲜美味的浆果取代。

香蓍草

拉丁名：*Achillea ageratum*

英文名：English mace; Sweet Nancy; Sweet yarrow

栽植条件：全日照。

管理：种植在阳光充足且排水良好的土壤中。花期过后立即修剪，可促使其萌发更密集的枝叶。

小贴士：非常适合用于插花。其芳香的嫩叶可为您煮汤、炖菜、做米饭和面食时调味。

'辛金斯夫人'石竹

拉丁名：*Dianthus* 'Mrs Sinkins'

英文名：Pink 'Mrs Sinkins'

栽植条件：全日照。

管理：施加番茄肥料，剪去枯萎的花头以延长花期。花期过后，将其剪至地表部位。

小贴士：这也许是外观最迷人的可食用植物之一。可采摘美丽的白花，来装饰鸡尾酒。

矢车菊

拉丁名：*Centaurea cyanus*

英文名：Cornflower

栽植条件：全日照。

管理：剪掉枯花以延长花期。无需施肥。作为一种野花，可在贫瘠的土壤中茁壮生长。

小贴士：矢车菊的亮蓝色花朵有一种类似丁香的味道，不仅可以食用，还具有药用价值。

熊蒜

拉丁名：*Allium ursinum*

英文名：Wild garlic; Ramson

栽植条件：全日照到部分遮阴。

管理：秋季或春季将其挖出，把大的植株分成小丛。

小贴士：熊蒜的叶子可用于制作美味的意式青酱，其美丽的白花则可为沙拉、黄油和软奶酪调味。

切花植物

向日葵

拉丁名：*Helianthus annuus*

英文名：Sunflower

栽植条件：全日照。

管理：向日葵几乎无需养护，适合种植在花境后面。收集种子，用于下一年的播种。

小贴士：只需极少的花费和养护便能为您带来巨大的回报。其蜜黄色的大花，能为任何空间带来亮丽的色彩。

蕾丝花

拉丁名：*Orlaya grandiflora*

英文名：White laceflower

栽植条件：全日照。

管理：花期结束后，及时采集种子，以供来年播种。

小贴士：蕾丝花是一种优良的切花植物，可持续开放一周以上，而且看起来比刚采下时更有生机，其柔和精致的外观，非常适合用于制作清新自然的野花花束。

苹果桉

拉丁名：*Eucalyptus gunnii*

英文名：Cider gum

栽植条件：全日照到部分遮阴。

管理：如果任其长成大树，几乎无需修剪。如果作灌木种植，则需要每隔两三年在春季进行修剪，以维持在灌木的高度。可提供大量的切花枝条。

小贴士：桉树有许多不同的叶形和叶色，可考虑种植不同种类的桉树。

‘处女’松果菊

拉丁名：*Echinacea purpurea* ‘Virgin’

英文名：Purple coneflower ‘Virgin’

栽植条件：全日照到部分遮阴。

管理：花谢后，连花茎一起剪掉。

小贴士：这种植物能够一季又一季地开出美丽的白花。其绿色锥状花心使其适合搭配任何插花，独自打成一束也十分迷人。

‘维茨蓝’硬叶蓝刺头

拉丁名：*Echinops ritro* ‘Veitch’s Blue’

英文名：Globe thistle

栽植条件：全日照。

管理：花谢后，将花茎剪至植株基部，可促使其再次开花。

小贴士：深受蜜蜂等昆虫的喜爱。花朵具有造型感，非常适合做切花，用冬季的干花插花也同样美观。

‘银色幽灵’硕大刺芹

拉丁名：*Eryngium giganteum* ‘Silver Ghost’

英文名：Tall eryngo ‘Silver Ghost’

栽植条件：全日照。

管理：种植在干燥、排水良好的土壤中。让枯花留在枝头，可增加冬季的观赏趣味。春季将其挖出，把过密的植株进行分株。

小贴士：这种具有银色尖叶和造型感的独特植物，非常适于制作繁复壮观的插花。

柳叶马鞭草

拉丁名：*Verbena bonariensis*

英文名：Purple top; Argentinian vervain; South American vervain; Tall verbena

栽植条件：全日照。

管理：春季新枝萌发时，剪除枯枝。

小贴士：这种平均高度为1.5米的植物，不仅可以为您的花园带来优雅感和轻盈感，也可用于插花。娇嫩的紫色花朵从高花瓶中探出来，看起来分外明媚。

假茴香

拉丁名：*Ridolfia segetum*

英文名：False fennel; Goldspray

栽植条件：全日照。

管理：为该植物打顶，可促其分枝。

小贴士：种植这种植物，不仅因为其星爆般明亮的绿金色簇状花朵花期很长，还因为其丝状的叶子可为您的插花增添一种繁复之美。

‘牛奶咖啡’大丽花

拉丁名：*Dahlia*‘Café au Lait’

英文名：Dahlia‘Café au Lait’

栽植条件：全日照。

管理：虽然大丽花需要很多养护，但其美丽的花朵却完全值得您的付出。霜冻开始让叶子变黑时，立刻把茎剪掉，小心地挖出块茎，放在室内自然干燥，待到来年没有霜冻风险后再种植。种植时，植株之间需留出足够的空间，以令植株长到最高。

小贴士：这种非同寻常又雍容华贵的大丽花非常引人注目，可为任何插花带来一种奢华感。

圆锥石头花（满天星，锥花丝石竹）

拉丁名：*Gypsophila paniculata*

英文名：Baby’s breath

栽植条件：全日照。

管理：圆锥石头花非常容易维护，但一旦成龄，移植的成活率不高。三棵一组种植，更易形成茁壮茂密的形态。

小贴士：凭借经典优雅的外观，圆锥石头花不仅适合所有的花园，而且在任何场合都是最受欢迎的切花之一。

吸引野生动物的植物

匍匐筋骨草

拉丁名： *Ajuga reptans*

英文名： Bugle

栽植条件： 全日照或部分遮阴。

管理： 秋末或春初把大丛分开，以保持植株的良好形态。

小贴士： 作为地被植物，匍匐筋骨草能以其深蓝色的短穗状花朵，吸引传粉昆虫。

加勒比飞蓬

拉丁名： *Erigeron karvinskianus*

英文名： Mexican fleabane

栽植条件： 全日照。

管理： 易于养护，能够在最棘手的土壤条件下生长。秋季轻剪。

小贴士： 花量大、花期长，从白色到粉色的娇嫩花朵可将蜜蜂和蝴蝶吸引到花园中。

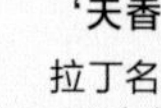

‘天香’香忍冬

拉丁名： *Lonicera periclymenum* ‘Heaven Scent’

英文名： Honeysuckle ‘Heaven Scent’

栽植条件： 全日照到部分遮阴。

管理： 如果植株过于茂盛，可在花期结束后，将枝条剪掉三分之一左右。初春，在植物根部周围施加大量花园堆肥。

小贴士： 从仲夏到秋末，其芬芳醉人的花朵将吸引来许多不同的野生动物。对于传粉昆虫来说，这是一种绝佳的植物。

哈氏榄叶菊

拉丁名： *Olearia × haastii*

英文名： Daisy bush

栽植条件： 全日照。

管理： 花头凋谢后及时剪掉。仲春至晚春轻剪，以保持植株的理想形态。

小贴士： 哈氏榄叶菊因其大量娇嫩的白花，深受传粉昆虫的喜爱，用其做成的不规则式树篱，特别适合地中海风格的花园。

起绒草

拉丁名： *Dipsacus fullonum*

英文名： Teasel

栽植条件： 全日照或部分遮阴。

管理： 春季或秋季通过播种繁殖。

小贴士： 起绒草能够引来许多金翅雀和蜜蜂，是野生动物园的绝佳选择。将枯萎的花头留在枝头，可为小鸟提供越冬食物，也可将其采下用于干花插花。

‘紫帝’欧紫八宝

拉丁名： *Hylotelephium telephium* (Atropurpureum Group) ‘Purple Emperor’

英文名： Orpine ‘Purple Emperor’

栽植条件： 全日照到部分遮阴。

管理： 冬末春初，剪除老枝和枯萎的花头。

小贴士： ‘紫帝’欧紫八宝可为蝴蝶和蜜蜂提供花蜜。将枯萎的花头留在枝头过冬，不仅看起来漂亮，还能够为花境增添结构、质地和季节性趣味。

滨菊

拉丁名： *Leucanthemum vulgare*

英文名： Ox-eye daisy

栽植条件： 全日照。

管理： 如果已经长得过大，秋季或春季将其挖出，分株。

小贴士： 剪掉枯萎的花头，可促使其在当季晚些时候再次开花。

‘紫叶’撒尔维亚（药用鼠尾草）

拉丁名： *Salvia officinalis* ‘Purpurascens’

英文名： Purple sage

栽植条件： 全日照或部分遮阴。

管理： 几乎无需养护，喜干燥天气，忌过度浇水，花期过后轻剪。

小贴士： 这种植物不仅是厨房花园的绝佳选择，还具有药用价值。特别受蜜蜂的喜爱。

‘蓝运’藿香

拉丁名： *Agastache* ‘Blue Fortune’

英文名： Giant hyssop ‘Blue Fortune’

栽植条件： 全日照。

管理： 如果已经长得过大，秋季或春季将其挖出，分株。

小贴士： 其芳香的新叶对蜜蜂和蝴蝶具有巨大的吸引力。

‘比丘’福氏紫菀

拉丁名： *Aster × frikartii* ‘Mönch’

英文名： Michaelmas daisy

理想位置： 全日照。

管理： 剪掉枯萎的花头以延长花期。

小贴士： 非常容易采集插条。只需拔出生根的侧枝，移植到您喜欢的地方即可。

设计师及其作品索引

我最喜欢的资源

以下是我在花园打造方面最喜欢的一些资源。

花园造景

全绿集团（All Green Group）

专营园林造景材料，从石材铺装、木材，到草皮和覆盖物，应有尽有。

伯特和梅（Bert & May）

提供素色及图案手工瓷砖和再生瓷砖，包括用于室外的水泥花砖（Encaustic cement tiles）。

CED石料（CED Stone）

天然石材造景产品供应商，从约克石铺装、石板，到砾石和鹅卵石，应有尽有。

花园格架公司（The Garden Trellis Company）

供应花格子架板、木栅栏、大门、拱门、凉亭、棚屋和花盆。

伦敦马赛克（London Mosaic）

专营维多利亚式地砖和当代几何图案瓷砖的设计和铺装。

萨里铁艺（Surrey Ironcraft）

定制建筑金属工艺品、大门和栏杆。

维纳博艮（Wienerberger）

专营砖、铺装材料、砌块以及用于室外工程的造景材料。

花园装饰

1stdibs

其网上商场和纽约地面店出售来自不同经销商的原创高档家具和珠宝。

阿比盖尔·埃亨（Abigail Ahern）

出售引领潮流的设计产品，包括家具和雕塑；仿真花卉和绿植批发商；承接花园设计。此外，还举办过国际设计大师班。

费尔莫布（Fermob）

花园家具制造商，从桌子、椅子，到日光浴躺椅和室外沙发，应有尽有。总部位于法国。

花园贸易（Garden Trading）

经营实用又时尚的花园饰品、灯具、家具和储物间，在英国牛津郡设有展厅。

兔尾印刷（Hare' s Tail Printing）

专营老式布料和织物的雕版印花（Block printing），可用于制作靠垫、吊床和室内装饰品。

宜家（IKEA）

经营各种家居和花园产品，设计精良、功能齐全、价格实惠。采用适合家庭自行组装的板式包装。商店遍布全世界。

杰可伯（Jamb）

经销一些最好的古董家具和仿古家具，在英国和美国均设有展室。

卡代（Kadai）

专营印度卡代室外火炉，以及花园花盆和饰品。

Made.com

提供来自新兴设计师的价格合理的高端设计产品，包括花园花盆、花架和花园饰品。

世界之家（Maisons du Monde）

经营各种花园家具，从椅子、桌子、日光浴躺椅，到靠垫、吊床和阳伞，应有尽有。提供室外照明设施、饰品和配件。世界各地均设有商店。

庭木（Niwaki）

来自日本的优良修剪工具，包括修枝剪、园艺剪、大剪刀、普通剪刀、修枝长柄剪、园艺锯和镰刀。

拉吉帐篷俱乐部（Raj Tent Club）

主营装饰性印度帐篷的销售和租赁。也提供一系列配套的室外遮阳棚、阳伞、家具、灯具和配件等。

棚屋建筑公司（The Shed Builders）

设计并建造定制棚屋、室外厕所、花园房间和工作室。

法式复古(Vintage French)
网络经销商,专营古物和古董花园家具及饰品。

WWOO
提供适合任何花园的室外多功能混凝土厨房的设计。

巴巴拉斯饰品(Décors Barbares)
纳塔莉·法曼·法玛纺织设计工作室。面料灵感来自波斯、亚洲和俄罗斯传统服装,以及俄罗斯芭蕾舞团的服装设计。在英国和美国均设有展厅。

法罗和鲍尔(Farrow & Ball)
英国油漆制造商,其经典的色调,可用于许多外部装饰。因其保持历史和传统建筑原有风貌的装饰而著名。

月光设计(Moonlight Design)
提供室外景观和园路的外部照明设计,从太阳能灯、水下灯,到壁灯和安全灯,应有尽有。

植物

番红花(Crocus)
这是一家一站式商店,也是英国最大的植物供应商之一,可提供4000多个品种的植物,以及园艺工具、室外配件和装饰品。

大卫·奥斯汀月季(David Austin Roses)
享誉世界的月季培育公司,常年供应400多种月季。

迪普戴尔(Deepdale)
提供成型树篱苗木,以及多种半成熟乔木和灌木的裸根苗、容器苗和大田苗。

杰卡斯(Jekka's)
英国最大的食用和药用植物基地,共有400多个品种。

凯威(Kelways)
1851年成立于萨默塞特郡,是英国最古老的植物苗圃之一,可提供一系列的植物、园艺杂货和花盆。

大树(Majestic Trees)
一个获奖的成龄树和特色树培育公司。

派拉蒙植物和花园(Paramount Plants and Gardens)
英国领先的成龄树和成龄灌木专营商。

彼得舍姆花圃(Petersham Nurseries)
花圃位于泰晤士河畔的里士满,除经营常见及稀有的园景植物之外,还经营手工园艺工具及其他设备。

英国皇家园艺学会(RHS)
英国皇家园艺学会是英国领先的园艺慈善机构。

莎拉·瑞文(Sarah Raven)
莎拉·瑞文是深受欢迎的英国园艺师、厨师、作家和电视节目主持人。莎拉提供全套自有品牌的产品,包括种子、幼苗、成龄植物,以及园艺和花艺用具。

园艺名词中英文对照及索引

J

L

M

P

Q

S

T

W

Y

Z

致谢

献给尤利乌斯、詹姆斯和阿图拉斯

感谢园艺界所有的朋友、家人和同事，是你们多年的支持让我写成了这本书。感谢各位园主和设计师分享你们美丽的花园，这些花园都以不同的方式给我带来了灵感。

非常感谢杰森·英格拉姆，是您用天才的眼光捕捉到了每座花园的美。感谢章鱼出版集团的艾莉森·斯达林给了我这个难得的机会。也非常感谢艺术总监朱丽叶·诺斯华绥、主编西贝拉·斯蒂芬斯和生产经理凯瑟琳·霍克利把这本书做到最好。

最后但同样重要的是，感谢我的文学经纪人佐伊·金一路上对我的支持。

作者简介

乌拉·玛丽亚

屡获殊荣的花园设计师、景观设计师和插画家。伯明翰城市大学客座教授。《园艺画报（Gardens Illustrated）》杂志最新的“设计（Design）”系列的作者。

曾就读于立陶宛美术学院，后于2008年永久移居到英国伯明翰。在英国，乌拉继续在伯明翰城市大学学习，并获得景观设计专业的学士学位和硕士学位。因其在本科和硕士期间的研究项目，获得了所在学院的约翰·奈特奖。

毕业后，乌拉曾参加过多个景观设计机构（包括英国著名景观设计师汤姆·斯图尔特-史密斯创立的Tom Stuart-Smith景观设计事务所）的项目。2017年，她参加了英国皇家园艺学会（RHS）举办的RHS塔顿公园花展（RHS Flower Show Tatton Park），其花园设计作品“Studio Unwired”获得了金奖，并荣获了“RHS年度青年设计师（RHS Young Designer of the Year）”称号。从那时起，乌拉建立了自己的业务。2018年，乌拉在英国皇家园艺学会举办的RHS汉普顿宫花展（RHS Hampton Court Flower Show）中，凭借其花园设计作品“Style and Design Garden”赢得了“最佳生活方式（Best in Lifestyle category）”奖。